DAL PASSATO AL FUTURO, VIAGGIO NEL DNA

Immaginario viaggio nel Genoma e Epigenoma.

Raffaele Vertaglia

PREFAZIONE

Nel cuore dell'increspato mare del tempo, dove il passato si intreccia con il futuro in una danza eterna, si cela un segreto avvolto nel filo invisibile della vita. È un segreto che ha plasmato la storia di ogni essere vivente sulla Terra, che ha scolpito le caratteristiche che ci rendono unici e ha dato vita a una sinfonia di esperienze, connessioni e potenzialità. Questo segreto è il nostro DNA, il codice che contiene le istruzioni fondamentali per la nostra esistenza e che ci lancia in un affascinante viaggio dal passato al futuro, osservando con gli occhi del Presente.

Dal Passato al Futuro, viaggio nel DNA.

DAL PASSATO AL FUTURO: VIAGGIO NEL DNA

Nel cuore dell'increspato mare del tempo, dove il passato si intreccia con il futuro in una danza eterna, si cela un segreto avvolto nel filo invisibile della vita. È un segreto che ha plasmato la storia di ogni essere vivente sulla Terra, che ha scolpito le caratteristiche che ci rendono unici e ha dato vita a una sinfonia di esperienze, connessioni e potenzialità. Questo segreto è il nostro DNA, il codice che contiene le istruzioni fondamentali per la nostra esistenza e che ci lancia in un affascinante viaggio dal passato al futuro, osservando con gli occhi del Presente.

Benvenuti nel racconto epico "Dal Passato al Futuro: Viaggio nel DNA", una storia che ci porterà attraverso le meraviglie del mondo genetico ed epigenetico. Un viaggio attraverso la materia stessa che ci compone, un'odissea nel regno segreto e profondo delle nostre cellule. Ma non si tratta solo di un viaggio nella scienza. È un viaggio nel cuore dell'umanità stessa, un'esplorazione delle profonde connessioni tra le generazioni passate, presenti e future. Le pagine di questo libro ci porteranno a contemplare le sfide e le gioie della genetica ed epigenetica, attraverso i destini intrecciati di individui che si sforzano di comprendere e influenzare i segreti celati nei loro geni.

Ma non è solo la trama intricata e coinvolgente delle nostre vite che catturerà la vostra attenzione. Mentre le vicende dei personaggi si dipanano, vi troverete immersi in un'analisi profonda della scienza che sta dietro alla storia. Attraverso le parole degli scienziati pionieri, esploreremo le scoperte che hanno svelato le trame intrecciate del DNA e come le esperienze di una generazione possano lasciare il proprio segno per le generazioni a venire.

"Dal Passato al Futuro: Viaggio nel DNA" non è solo un testo, ma un portale verso un mondo che risiede nelle profondità dei nostri corpi e delle nostre menti. Con parole semplici ma evocative, ci impegneremo a comunicare la complessità delle scoperte scientifiche in modo accessibile a tutti. Perché questo non è solo un viaggio nella scienza, ma anche un invito a riflettere sul nostro ruolo come custodi della conoscenza e del futuro.

Preparatevi a intraprendere un viaggio epico attraverso i confini della genetica ed epigenetica, a scoprire le verità intrecciate nel filo del tempo e ad affrontare le domande etiche e filosofiche che sorgono dalla scoperta del potere nascosto nei nostri geni. Lasciatevi trasportare dalle parole ed alle emozioni che danzano tra le pagine di questo romanzo, poiché il viaggio dal passato al futuro ha appena inizio. Accomodiamoci, dunque, per vivere questa storia dal Passato al Futuro, con occhi nel presente.

BIBLIOGRAFIA

1. **Libri:**
   - "Il Gene: Una Storia Personale" di Siddhartha Mukherjee
   - "L'Epigenetica: Come l'ambiente Influenza il DNA" di Richard C. Francis
   - "Il Grande Libro del DNA" di Bryan Sykes
   - "Il Gene Egoista" di Richard Dawkins
   - "Il Mio Genoma: La Mia Avventura Personale alla Scoperta dei Miei Geni" di George Church e Ed Regis

2. **Siti Web e Risorse Online:**
   - National Human Genome Research Institute (NHGRI): https://www.genome.gov/
   - The Epigenome Roadmap: https://www.roadmapepigenomics.org/
   - Nature Education: Epigenetics: http://www.nature.com/scitable/topicpage/epigenetic-influences-and-disease-895/
   - Understanding Genetics by The Tech Museum of Innovation: http://genetics.thetech.org/

3. **Pubblicazioni Scientifiche e Articoli:**
   - Feinberg, A.P., Vogelstein, B. (1983). Hypomethylation distinguishes genes of some human cancers from their normal counterparts. Nature, 301(5895), 89-92.
   - Jirtle, R.L., Skinner, M.K. (2007). Environmental epigenomics and disease susceptibility. Nature Reviews Genetics, 8(4), 253-262.
   - Bird, A. (2007). Perceptions of epigenetics. Nature, 447(7143), 396-398.
   - Reik, W., Dean, W., Walter, J. (2001). Epigenetic

reprogramming in mammalian development. Science, 293(5532), 1089-1093.

4. **Articoli di Divulgazione:**
   - Zimmer, C. (2012). DNA Is Not Destiny. National Geographic. https://www.nationalgeographic.com/magazine/article/dna-not-destiny-genes-are-not-static

5. **Documentari:**
   - "DNA: Il Nostro Corpo, La Nostra Scelta" (Disponibile su vari servizi di streaming)
   - "C'era una Volta il DNA" (Disponibile su vari servizi di streaming)
   - "The Gene: An Intimate History" (Basato sul libro di Siddhartha Mukherjee, disponibile su vari servizi di streaming)

INDICE

Introduzione alla Genetica!

Ciao, esploratori della conoscenza! Siete pronti per un viaggio emozionante nel mondo affascinante dei geni? Oggi, insieme, esploreremo le profondità nascoste del nostro essere, scoprendo i segreti che ci rendono unici e meravigliosi.

Potreste pensare che i geni siano come gli ingredienti di una ricetta magica, quelli che ci fanno crescere, sviluppare e mantenere il nostro aspetto unico. Ma cosa sono veramente? Bene, immaginate che i geni siano come le istruzioni per costruire un incredibile castello. Ogni piccola parte del castello - dalle torri maestose ai piccoli mattoni - è regolata da queste istruzioni.

Ma dove si trovano queste istruzioni magiche? Sono nascoste dentro di noi, nel cuore delle nostre cellule. Ogni cellula del nostro corpo ha un'intera libreria di geni che contengono tutte le informazioni che ci definiscono. Ecco perché siamo unici! Nessun'altra persona al mondo ha lo stesso insieme di istruzioni che ognuno di noi possiede.

Ora, potreste chiedervi: come fanno queste istruzioni a funzionare? Beh, immaginate che i geni siano come una ricca partitura musicale. I musicisti devono seguire le note per suonare una bella melodia, giusto? Ecco, le nostre cellule seguono le istruzioni dei geni per eseguire le loro "melodie biologiche".

Ma qui entra in gioco una cosa magica chiamata "DNA". Questa è l'abbreviazione di "acido desossiribonucleico". Non preoccupatevi, non dovete ricordare il nome lungo e complicato. Immaginate il DNA come un lunghissimo filo composto da piccole perline. Ogni perlina rappresenta una "lettera" diversa dell'alfabeto genetico: A, T, C e G. Queste lettere formano parole che a loro volta compongono le istruzioni per costruire e far funzionare il nostro corpo.

E ora arriva la parte più affascinante: il modo in cui queste lettere si combinano è ciò che ci rende unici. È come un gigantesco rompicapo biologico, in cui ogni individuo ha una combinazione di lettere unica nel suo DNA. Questa combinazione unica è ciò che determina il colore dei nostri occhi, la forma del nostro naso e persino la nostra predisposizione a certe malattie.

Ma non è tutto! Ciò che rende ancora più affascinante il nostro viaggio nel mondo dei geni è l'idea che possiamo ereditare queste istruzioni dai nostri genitori. Immaginate che stiate ricevendo due pacchetti di istruzioni geniche, uno dalla mamma e uno dal papà. Questi pacchetti si mescolano nel vostro corpo per creare le istruzioni uniche che vi definiscono.

Ecco perché assomigliamo ai nostri genitori, ma non siamo identici a loro. I nostri geni si mescolano in modo unico, creando un capolavoro biologico che siamo noi! Questo è anche il motivo per cui le malattie ereditarie possono passare da una generazione all'altra. Se una parte delle istruzioni è danneggiata, potrebbe influenzare la nostra salute.

Ma non preoccupatevi, esploratori! La scienza è qui per aiutarci a capire e affrontare queste sfide. Gli scienziati stanno lavorando duramente per decifrare il mistero dei geni e trovare modi per curare le malattie ereditarie.

E così, avventurieri della conoscenza, siamo pronti per immergerci nel mondo segreto dei geni. Durante questo viaggio, scopriremo come i geni influenzano la nostra vita, come possiamo usarli per migliorare la nostra salute e come il futuro della scienza dei geni ci sta riservando sorprese straordinarie. Preparatevi a esplorare il DNA, il codice della vita, e ad affrontare nuove sfide e scoperte emozionanti! Siete pronti? Allora, partiamo per questa incredibile avventura nel regno dei geni!

Che cosa sono i geni?

Ciao, curiosi esploratori del sapere! Oggi ci addentreremo in un mondo incredibile e affascinante, fatto di istruzioni segrete e misteri biologici: il mondo dei geni! Ma non temete, useremo un linguaggio semplice e accattivante per scoprire insieme di cosa si tratta.

Immagina che il tuo corpo sia come una grande fabbrica, un luogo in cui vengono costruiti, sviluppati e mantenuti tutti i componenti che ti rendono unico. Ora, immagina che all'interno di questa fabbrica ci siano delle piccole "ricette" che guidano tutto ciò che accade. Queste ricette sono i geni.

I geni sono come le istruzioni nascoste all'interno delle tue cellule, quelle che ci dicono come crescere, svilupparci e funzionare. Ma cosa sono veramente? Bene, sono come le pagine di un libro magico, scritte in un linguaggio speciale chiamato "DNA". Questo acronimo sta per "acido desossiribonucleico", ma possiamo chiamarlo DNA per comodità. È come una lunga sequenza di lettere, ma non le solite lettere dell'alfabeto. Queste lettere sono A, T, C e G, e insieme formano le parole che compongono le istruzioni per la nostra esistenza.

Immagina che il DNA sia una collana fatta di piccoli gioielli colorati. Ogni gioiello rappresenta una di quelle lettere speciali. Ecco come funziona: il DNA è avvolto dentro le nostre cellule come una spira di corda, e ogni "girata" della corda rappresenta una catena di quelle lettere speciali. Questa sequenza di lettere è la tua "ricetta" personale, la guida che dice alle tue cellule come creare tutto ciò che sei.

Ma come possiamo interpretare queste istruzioni? Immagina che ogni sequenza di lettere sia come una parola speciale nel linguaggio del corpo. Queste parole, chiamate "geni", contengono le informazioni necessarie per creare proteine, che sono come i mattoni con cui il tuo corpo viene costruito. Alcune proteine sono responsabili del colore dei tuoi occhi, altre del funzionamento del tuo cuore e altre ancora di tante altre incredibili caratteristiche che ti rendono unico.

Ed ecco la parte davvero affascinante: ogni essere vivente ha un set unico di queste istruzioni genetiche. Quindi, nessun essere umano, animale o pianta è esattamente uguale a un altro a lui simile. Ecco perché le tue impronte digitali, i tuoi occhi e persino la tua personalità sono così diverse da quelle di chiunque altro.

Ma c'è di più! Queste istruzioni genetiche possono essere ereditate dai nostri genitori. Immagina che tuo padre e tua madre ti abbiano dato un pezzo del loro DNA, come se ti passassero un libro magico con le loro storie. Il tuo DNA è una combinazione unica di queste storie, e ogni pagina contiene un frammento di te e delle generazioni che ti hanno preceduto.

Ecco, ragazzi, cos'è un gene in poche parole: è come una piccola parte di un grande racconto biologico, scritto nel linguaggio segreto del DNA. Ogni gene è una "istruzione" che dice alle tue cellule cosa fare e come farlo. Ed è proprio grazie a questi geni che siamo chi siamo e possiamo esplorare le meraviglie della vita. Quindi, preparatevi, perché il viaggio nel mondo dei geni è appena iniziato, e ci aspettano molte scoperte straordinarie! Siete pronti a continuare questa avventura? Allora, avanti con la scoperta delle meraviglie nascoste nei nostri geni!

Come funzionano i geni?

Ehi, esploratori curiosi, siete pronti a scoprire come funzionano i geni? Bene, immaginate che i geni siano come il cervello di una macchina super avanzata, che guida tutto ciò che il nostro corpo fa. Ma non preoccupatevi, useremo un linguaggio semplice e chiaro per capire insieme questo affascinante processo.

Pensate ai geni come a un insieme di istruzioni che dicono al nostro corpo come costruirsi e come funzionare. Immaginate di essere artisti che stanno creando un pupazzo di carta. Ogni dettaglio, dal colore dei capelli alla forma del naso, deve essere deciso, giusto? Bene, i geni forniscono queste istruzioni dettagliate al nostro corpo, dicendo quali caratteristiche sviluppare.

Ora, come fanno i geni a comunicare con le nostre cellule e dir loro cosa fare? Immaginate che il nostro corpo sia una grande fabbrica, dove le cellule sono gli operai che mettono insieme tutto. Ecco dove entrano in gioco i geni. Ogni gene è come una "ricetta" che dice alle cellule come creare le proteine, che sono i mattoni con cui il nostro corpo è costruito.

E come si traducono queste "ricette" genetiche in proteine? Bene, immaginate che il DNA, il materiale in cui sono scritti i geni, sia come un libro di cucina. Ogni gene è come una ricetta speciale e, per cucinarla, abbiamo bisogno degli ingredienti giusti. In questo caso, gli "ingredienti" sono le molecole chiamate "aminoacidi". Questi aminoacidi sono come i mattoncini che compongono le proteine.

E ora, immaginate che ci sia una sorta di traduttore nel nostro corpo che legge il codice scritto nei geni e lo trasforma in aminoacidi, che vengono poi assemblati per creare le proteine. Questi traduttori si chiamano "RNA messaggeri". Sono come postini che portano le istruzioni dai geni alle cellule, dicendo loro cosa fare.

Quindi, quando un gene dice "occhi azzurri", l' RNA messaggero trasporta questa istruzione alle cellule che costruiscono gli occhi. E queste cellule iniziano a creare le proteine che danno colore agli occhi. Allo stesso modo, quando un gene dice "cresci in altezza", le cellule ricevono l'ordine di creare le proteine che aiutano il nostro corpo a crescere.

Ma qui sta la magia: ogni gene è come una pagina di un libro magico e il DNA è la collana di lettere che forma le parole di questa storia. Ecco perché ogni gene è responsabile di diverse caratteristiche del nostro corpo. Alcuni geni ci dicono come saranno i nostri capelli, altri ci dicono quanto saranno alti i nostri genitori e altri ancora ci dicono come funzionerà il nostro sistema immunitario.

Quindi, ragazzi, i geni sono come il cuore pulsante delle istruzioni biologiche. Sono le "ricette" che guidano la nostra crescita, lo sviluppo e il funzionamento del nostro corpo. È come se ogni gene fosse un architetto, un pittore e un musicista, che lavorano insieme per creare il meraviglioso capolavoro che è il nostro corpo. E ora che abbiamo svelato questo mistero, possiamo continuare il nostro viaggio nel mondo dei geni, pronti a scoprire ancora più meraviglie! Siete pronti? Allora, avanti!

EREDITARIETÀ: QUANDO I GENI PASSANO IL TESTIMONE

Ciao, esploratori dell'ereditarietà! Siete mai rimasti sorpresi nel guardare una vecchia foto dei vostri genitori e pensare: "Ma sembro proprio loro!"? Bene, non siete soli! Questo perché, cari amici, si sta svolgendo una speciale staffetta genetica tra voi e i vostri genitori. Oggi, ci immergeremo in un affascinante viaggio nel mondo dell'ereditarietà, scoprendo come i geni passano il testimone da una generazione all'altra.

Immaginate che i geni siano come piccole capsule del tempo, contenenti istruzioni per creare il vostro corpo e determinare chi siete. Quando i vostri genitori si sono uniti per formare voi, hanno condiviso alcuni dei loro geni con voi. E questi geni sono come pezzi di un puzzle che vanno ad aggiungersi a quelli che avete già. È come se i vostri genitori vi dessero un regalo speciale, un cofanetto di tesori genetici!

E ora, prendete un attimo per guardarvi allo specchio. Avete gli occhi azzurri come vostra madre? O forse avete il sorriso contagioso di vostro padre? Questi tratti fisici, cari esploratori, sono il risultato di geni che sono stati passati a voi dai vostri genitori. È come se ci fossero piccoli "fotografi genetici" che catturano i dettagli del vostro aspetto e li consegnano di generazione in generazione.

Ma non è tutto! I geni non influenzano solo il vostro aspetto esteriore, ma anche la vostra salute e il vostro benessere. Immaginate che i geni siano come gli ingredienti segreti di una ricetta speciale. Alcuni geni possono influenzare la vostra probabilità di sviluppare determinate condizioni mediche. Ad esempio, se uno dei vostri genitori ha bisogno di occhiali, è possibile che abbiate ereditato un gene che influisce sulla vostra vista.

E che dire del vostro metabolismo? Siete mai rimasti sorpresi da quanto alcuni possono mangiare senza prendere un grammo, mentre altri sembrano accumulare chili solo guardando un dolce? Questa è un'altra danza genetica! Alcuni geni influenzano la velocità con cui il vostro corpo brucia calorie e gestisce i nutrienti. Quindi, se siete dei veri amanti del cibo, potreste dare la colpa a un "gene ghiottone" ereditato dalla famiglia!

Ora, immaginate che ogni genitore abbia due copie di ogni gene, una proveniente dalla madre e una dal padre. Quando vieni al mondo, erediti una copia da ciascun genitore, formando il tuo insieme unico di geni. Questa combinazione determinerà come sarai, sia fisicamente che dal punto di vista della salute. È come se foste un mix magico di entrambi i vostri genitori, con qualche tocco personale.

E sapete cosa è ancora più affascinante? Mentre alcuni tratti genetici sono chiaramente visibili, come il colore dei capelli o gli occhi, altri sono come piccoli dettagli nascosti. Immaginate che i geni siano come i paragrafi di un romanzo, ognuno contribuendo a creare una storia completa. E la vostra storia genetica è unica, con capitoli scritti dai vostri antenati e nuove pagine che voi state aggiungendo.

Quindi, cari esploratori dell'ereditarietà, la prossima volta che notate quanto somigliate ai vostri genitori o scoprite una caratteristica che avete ereditato da nonni lontani, ricordate che siete parte di una lunga linea di storie genetiche. Ogni gene è come una perla in un prezioso rosario, collegando le generazioni passate, presenti e future. La vostra eredità genetica è un regalo che vi connette con il passato e vi fa guardare al futuro con curiosità ed emozione. E ora, mentre continuate il vostro viaggio nell'affascinante mondo dei geni, tenete a mente che siete i custodi di una storia unica, scritta nel vostro DNA. Chiunque sia stato il primo a passarvi il testimone, ora spetta a voi portare avanti la staffetta genetica, aggiungendo nuovi capitoli a questa straordinaria narrazione della vita!

MUTAZIONI: I CAMBIAMENTI NEL CODICE SEGRETO

Salve, esploratori delle mutazioni! Siete mai stati così immersi in un libro che avete perso il conto delle pagine? Bene, oggi entreremo in un capitolo intrigante della nostra storia genetica, uno che parla di cambiamenti imprevisti nel nostro "codice segreto". Sì, avete capito bene, stiamo per svelare il mistero delle mutazioni, quei piccoli intrecci nel tessuto del nostro DNA che possono portare sorprese, talenti unici e persino qualche sfida lungo il cammino!

Immaginate che il nostro DNA sia come una favolosa storia che definisce chi siamo. Ma, come in ogni grande racconto, talvolta si possono verificare cambiamenti o errori nel testo. Questi sono ciò che chiamiamo mutazioni. Potete pensarle come correzioni automatiche nel nostro codice genetico, che possono avvenire quando le cellule si stanno dividendo o a causa di agenti esterni come i raggi solari.

Ma aspettate, non fatevi prendere dal panico! Le mutazioni possono essere buone, cattive o, a volte, perfino indifferenti. Alcune possono essere come quelle piccole virgole che danno un senso in più a una frase. Ad esempio, immaginate di avere una passione sfrenata per la musica. Questo potrebbe essere dovuto a una mutazione speciale nei vostri geni, che vi ha dotato di un talento straordinario nell'arte delle note!

Ora, pensate a quelle mutazioni che sono come un'intrepida

avventura inaspettata nel nostro romanzo genetico. Ci sono persone che nascono con un colore di capelli insolito o una caratteristica unica, tutto grazie a una mutazione che ha dato loro un tocco speciale. Potreste persino essere voi i protagonisti di una storia simile, con una mutazione che vi regala una qualità che vi differenzia dalla folla!

Ma come in ogni storia, ci sono anche dei momenti in cui le cose prendono una piega diversa. Alcune mutazioni possono portare sfide o problemi di salute. Queste sono le parti della nostra narrazione genetica che richiedono coraggio e resilienza. E qui sta la bellezza dell'essere umani: la capacità di affrontare le sfide con determinazione e cercare soluzioni per superarle.

Le mutazioni sono come le virgole e i punti esclamativi che danno ritmo al nostro racconto genetico. Ciò che è importante da ricordare è che le mutazioni fanno parte della nostra storia, e non c'è giusto o sbagliato in esse. Ogni mutazione è un'aggiunta al nostro personaggio unico e speciale, che rende ogni individuo una stella brillante nel firmamento genetico.

In conclusione, cari esploratori delle mutazioni, ricordate che siete parte di una danza in continua evoluzione nel mondo dei geni. Le mutazioni possono portare sorprese, talenti e sfide, ma sono ciò che ci rende umani e unici. Come ogni parola in una storia, ogni mutazione contribuisce a rendere la nostra narrazione genetica completa e affascinante. Così, mentre continuate il vostro viaggio attraverso il labirinto dei geni, tenete a mente che ogni mutazione è una parte preziosa di voi, un tassello nel mosaico della vostra vita!

LA GENETICA E LA MEDICINA

Ciao, viaggiatori del sapere! Oggi, ci addentreremo in un mondo affascinante dove la scienza incontra la cura, un regno in cui la genetica e la medicina danzano insieme per migliorare la nostra salute e il nostro benessere. Preparatevi a scoprire come i nostri geni sono come un prezioso manuale di istruzioni che i medici stanno imparando a decifrare per offrirci cure personalizzate e una vita più sana!

Immaginate di avere una mappa magica che vi riveli tutti i segreti nascosti del vostro corpo, come se vi mostrasse i corridoi interni di un castello misterioso. Questa mappa è la genetica, ed è una guida preziosa che i medici stanno imparando a leggere sempre meglio. Essa contiene le istruzioni che rendono il vostro corpo unico, come il manuale per assemblare un'opera d'arte complessa. Quando i medici capiscono i vostri geni, possono fare cose straordinarie. Possono prevenire le malattie, come dei moderni eroi che affrontano mostri invisibili. Se conoscono i vostri geni, possono individuare potenziali problemi e aiutarvi a evitare che si sviluppino in malattie serie. È come un avvertimento preventivo che vi permette di prendere misure per proteggere la vostra salute. Ma non finisce qui! Immaginate di avere un team di detective medici che indagano sui vostri geni per capire meglio cosa potrebbe non funzionare correttamente. Questo è particolarmente utile quando si tratta di diagnosi. I medici possono trovare indizi nei vostri geni che li guidano verso la soluzione di un mistero medico. È come risolvere un enigma che vi permette di ricevere la cura giusta al momento giusto.

E ora, entrate in un laboratorio affollato di scienziati entusiasti e ricercatori instancabili. Immaginate che stiano lavorando giorno e notte per scoprire modi migliori per combattere le malattie e mantenerci sani. Questi scienziati stanno studiando i vostri geni, come veri esploratori del corpo umano, alla ricerca di segreti che possano rivoluzionare la medicina. Stanno cercando nuovi modi per sconfiggere i mostri nascosti che ci minacciano.

I progressi nella genetica e nella medicina stanno aprendo porte a un futuro in cui le malattie potrebbero diventare una sfida superabile. Immaginate di avere un esercito di guerrieri medici che lottano contro il male invisibile e ti aiutano a vivere una vita lunga e sana. Questi guerrieri sono guidati dai vostri geni, che sono come le bandiere che sventolano nella battaglia per la vostra salute.

In conclusione, cari esploratori della genetica medica, siate pronti a essere stupiti dalla potenza della scienza e della cura. La genetica è come una chiave magica che apre porte a diagnosi più precise, trattamenti personalizzati e una vita più sana. I medici sono diventati dei veri maghi, utilizzando la conoscenza dei vostri geni per proteggervi e guarirvi. Mentre continuate il vostro viaggio attraverso questo mondo di scoperte, ricordate che la genetica e la medicina sono come il vostro esercito personale nella lotta per la vostra salute e il vostro benessere.

CURIOSITÀ SUL DNA

Ciao, curiosi esploratori del sapere! Oggi vi porteremo in un viaggio attraverso alcune delle curiosità più sorprendenti sul DNA, la misteriosa catena di istruzioni che ci rende unici. Siete pronti a scoprire quanto il vostro DNA possa essere affascinante e incredibilmente lungo? Preparatevi a rimanere a bocca aperta mentre vi immergete in un mondo di scoperte straordinarie!

Sai, il tuo DNA è come un tesoro nascosto all'interno delle tue cellule. È come una libreria enorme, piena di libri che contengono tutte le informazioni necessarie per creare e far funzionare il tuo corpo. E sai una cosa davvero incredibile? Se prendessi tutto il tuo DNA e lo mettessi insieme in un'unica lunga catena, quella catena potrebbe raggiungere la Luna e tornare sulla Terra. Sì, hai letto bene! La lunghezza totale del tuo DNA è così strabiliante che potrebbe fare un viaggio spaziale fino alla Luna e ancora avere abbastanza DNA da tornare a casa!

Ma non finisce qui, perché il DNA ha anche delle abilità segrete che lo rendono ancora più incredibile. Immagina di avere un grande hard disk biologico all'interno delle tue cellule, capace di archiviare enormi quantità di informazioni. Gli scienziati stanno esplorando come utilizzare il DNA per memorizzare dati, proprio come facciamo con i computer. È come trasformare le molecole del tuo corpo in una biblioteca digitale!

Immagina di poter conservare tutti i libri del mondo all'interno del tuo corpo. Questo potrebbe sembrare un sogno da fantascienza, ma la realtà è che il DNA potrebbe essere la chiave per archiviare informazioni in modo sicuro ed efficiente.

Gli scienziati stanno cercando di trovare modi per "scrivere" informazioni nel DNA e "leggere" quelle informazioni quando ne abbiamo bisogno. È come trasformare il tuo corpo in una biblioteca vivente!

Ma le sorprese non finiscono qui. Sai che ogni essere umano ha circa 20.000-25.000 geni? Questi geni lavorano insieme come un'orchestra, producendo una sinfonia di funzioni vitali nel tuo corpo. Immagina di avere una squadra di musicisti dentro di te, ognuno suonando il proprio strumento per creare una melodia unica. I tuoi geni sono come questi musicisti, ognuno con il suo ruolo importante nella composizione della tua vita.

E ora, viaggiamo nel regno degli animali marini. Sapevi che il tuatara, un piccolo rettile proveniente dalla Nuova Zelanda, ha uno dei genomi più grandi tra i vertebrati? È come se avesse un'enciclopedia genetica enorme! Questo ci mostra quanto sia varia la natura e quanto ancora ci sia da scoprire su come i geni influenzano la vita di creature straordinarie.

In conclusione, curiosi esploratori, il DNA è davvero uno dei tesori più affascinanti della natura. È lungo quanto un viaggio sulla Luna e potrebbe diventare un sistema di archiviazione biologica. I tuoi geni sono come musicisti che suonano nella tua sinfonia di vita, e le creature del mondo ci mostrano la diversità straordinaria dei genomi. Mentre continuiamo a scavare nelle profondità del DNA, ricordiamo che ogni dettaglio è una chiave per comprendere meglio il mondo che ci circonda. E chissà quali altre meraviglie il futuro ci riserverà nell'affascinante mondo del DNA!

ESPLORARE IL FUTURO CON LA GENETICA

Ciao, viaggiatori del futuro! Oggi ci addentreremo in un territorio straordinario e pieno di possibilità: il futuro della genetica. È come aprire un libro senza fine, le cui pagine sono ancora da scrivere, e scoprire come le nostre conoscenze in questo campo potrebbero cambiare il corso della storia. Preparatevi a esplorare le potenzialità avvincenti che la genetica offre per il futuro dell'umanità e del nostro pianeta!

Immaginate un mondo in cui le malattie che una volta sembravano incurabili potrebbero essere sconfitte grazie alla genetica. Sì, avete letto bene! Gli scienziati stanno lavorando instancabilmente per scoprire nuovi modi per trattare malattie che, finora, hanno sfidato le cure convenzionali. Grazie alla conoscenza del nostro DNA e dei nostri geni, potremmo essere in grado di identificare cause nascoste di malattie e sviluppare terapie innovative. È come aprire una porta verso un mondo in cui il dolore e la sofferenza causati da malattie potrebbero essere ridotti o addirittura eliminati.

Ma le avventure della genetica non si fermano qui. Immaginate di poter creare piante super resistenti, in grado di sfidare le malattie e le condizioni climatiche avverse. In un mondo in cui il cambiamento climatico è una sfida sempre più urgente, le piante geneticamente modificate potrebbero essere la chiave per nutrire meglio il nostro pianeta e far fronte alle sue esigenze crescenti.

Queste piante potrebbero sfidare i cambiamenti climatici e garantire che il cibo sia abbondante per tutti, preservando allo stesso tempo la bellezza e la varietà della natura.

Immaginate anche un futuro in cui le terapie personalizzate basate sulla genetica diventano la norma. I medici potrebbero analizzare il vostro DNA per creare trattamenti su misura per le vostre esigenze specifiche. Non sarebbe fantastico? Ogni individuo potrebbe ricevere una cura personalizzata che tiene conto delle sue caratteristiche genetiche uniche. Questo aprirebbe la strada a terapie più efficaci e mirate, riducendo gli effetti collaterali e migliorando la qualità della vita.

Tuttavia, mentre esploriamo queste possibilità affascinanti, dobbiamo anche riflettere sulle sfide etiche che potrebbero emergere. Come possiamo bilanciare l'entusiasmo per le scoperte genetiche con la responsabilità di prendere decisioni ponderate? Dobbiamo considerare le implicazioni sociali, culturali ed economiche delle nostre azioni. È come navigare in acque inesplorate, cercando di mantenere l'equilibrio tra progresso e consapevolezza.

In conclusione, cari avventurieri del futuro, la genetica è un terreno fertile per l'immaginazione e l'innovazione. È come una mappa che ci guida verso opportunità straordinarie per migliorare la nostra salute, nutrire il pianeta e creare un mondo migliore. Ma ricordate, con grande potere arriva grande responsabilità. Mentre sogniamo di cosa potremmo raggiungere, dobbiamo anche considerare come proteggere il nostro pianeta, la nostra diversità e l'etica nella nostra ricerca di nuove frontiere genetiche. Che il futuro ci guidi verso scelte sagge e scoperte sorprendenti, e che possiamo affrontare queste sfide con curiosità, rispetto e un occhio sempre rivolto all'orizzonte. Buon viaggio, esploratori del futuro, verso le terre inesplorate della genetica!

Conclusione: Scopriamo i Segreti dei Nostri Geni!

Cari avventurieri dell'ignoto, mentre ci avviciniamo alla fine di questo viaggio stupefacente nel mondo dei geni, è il momento di riflettere su tutto ciò che abbiamo scoperto. Abbiamo aperto una finestra su un universo affascinante, fatto di istruzioni segrete, tratti distintivi e una rete intricata di connessioni che collegano tutti gli esseri viventi.

Abbiamo appreso che i geni sono come il cuore pulsante di ciò che siamo. Sono le istruzioni che guidano la nostra crescita, la nostra forma e persino la nostra salute. Come abili architetti della vita, i geni costruiscono il nostro corpo un mattoncino alla volta, seguendo un codice segreto che custodisce il mistero dell'esistenza stessa. Guardare oltre le apparenze e comprendere il "dietro le quinte" di ciò che siamo ci ha aperto una finestra su un mondo di meraviglia e comprensione.

Abbiamo esplorato la magia delle eredità, scoprendo come i geni passino di mano in mano attraverso le generazioni. Da madre a figlio, da padre a figlia, un balletto di informazioni genetiche si svolge, portando con sé i doni delle generazioni passate. Osservare quanto assomigliamo ai nostri antenati ci ha fatto sentire parte di una storia più grande, tessuta con fili invisibili che ci uniscono a coloro che sono venuti prima di noi.

Le mutazioni, quei piccoli cambiamenti nel nostro codice genetico, ci hanno mostrato quanto sia varia e sorprendente la danza della vita. Alcune mutazioni portano a tratti unici, mentre altre aprono la strada a nuove sfide. Eppure, proprio in queste mutazioni, scopriamo la potenza dell'evoluzione, che ci consente di adattarci e prosperare in un mondo in costante cambiamento.

La genetica si è dimostrata un faro di speranza nel campo della medicina, illuminando il cammino verso cure più personalizzate ed efficaci. L'analisi del nostro DNA può rivelare segreti celati che ci aiutano a prevenire, diagnosticare e trattare malattie. Questa scoperta ci offre la promessa di una salute migliore, di una maggiore comprensione delle nostre sfide mediche e di una speranza che ciò che una volta sembrava insormontabile possa ora essere affrontato con coraggio e determinazione.

E così, cari viaggiatori nella terra dei geni, chiudiamo questa avventura con i cuori colmi di gratitudine per tutto ciò che abbiamo scoperto. L'umanità ha a sua disposizione una chiave magica che può sbloccare i segreti della vita stessa, e questa chiave si chiama genetica. La prossima volta che osservate il mondo intorno a voi, riflettete su come ogni essere vivente è un capolavoro genetico, una sinfonia di istruzioni nascoste che conferisce unicità a ogni forma di vita.

Ma ricordate, non abbiamo fatto altro che aprire la prima pagina di questo affascinante libro. Il futuro della genetica è ancora da scrivere, e chissà quali scoperte, sfide e avventure ci attendono lungo il cammino. Con la curiosità come bussola e la conoscenza come guida, continuate a esplorare, sognare e imparare. La strada dei geni è una strada senza fine, piena di meraviglie e opportunità che ci aspettano dietro ogni curva. Buon viaggio, esploratori, nel mondo segreto e affascinante dei geni!

**ESPLORIAMO I SEGRETI DELL'EPIGENETICA:

Il Modo in Cui l'Ambiente Influenza i Nostri Geni!**

Cari avventurieri della conoscenza, è un piacere accompagnarvi in questo emozionante viaggio nel mondo misterioso e affascinante dell'epigenetica. Un viaggio che ci porterà oltre le superfici della genetica tradizionale e ci immergerà nella magia sottile che collega i nostri geni all'ambiente che ci circonda. Siete pronti a scoprire come il mondo esterno possa modellare le istruzioni segrete che guidano la nostra esistenza?

Immaginate un grande teatro, dove i nostri geni sono gli attori principali. L'epigenetica è la scenografia, le luci e la musica di sottofondo che influenzano il modo in cui gli attori recitano il loro ruolo. Ma cosa significa davvero "epigenetica"? È come un regista invisibile che modifica le istruzioni dei nostri geni, senza cambiarne il testo. In altre parole, l'epigenetica decide quando e come certi geni si accendono o si spengono, influenzando così il nostro sviluppo e la nostra salute.

Ecco un esempio: immaginate di avere un libro pieno di ricette segrete. Le ricette sono i vostri geni, e l'epigenetica è come il vostro cuoco personale. A seconda dell'occasione, il cuoco decide quali ricette preparare e come farlo. Lo stesso avviene nel nostro corpo: l'epigenetica può attivare o disattivare certi geni in risposta all'ambiente in cui ci troviamo.

Ora, potreste chiedervi: "Come fa l'ambiente a comunicare

con i nostri geni?". Ecco la parte davvero interessante. Tutto ciò che facciamo, mangiamo, respiriamo e sperimentiamo può influenzare i marcatori epigenetici. Questi sono come piccoli segnalibri che si attaccano ai nostri geni e dicono loro come comportarsi. Un'esperienza stressante, ad esempio, potrebbe lasciare un segnalibro epigenetico che influenza il modo in cui affrontiamo situazioni simili in futuro.

Sì, avete letto bene! I nostri geni non sono scolpiti nella pietra; sono flessibili e reattivi. Questa flessibilità è ciò che rende l'epigenetica così emozionante. Immaginate di avere una tavolozza di colori che potete usare per dipingere il quadro della vostra salute. Con ogni scelta che facciamo, da ciò che mangiamo all'attività che svolgiamo, aggiungiamo sfumature e dettagli al nostro dipinto genetico.

Ma ciò che rende ancora più affascinante l'epigenetica è che le sue influenze possono essere passate alle generazioni future. Questo fenomeno è chiamato "eredità epigenetica". Immaginate di dipingere un quadro così vibrante che le generazioni a venire possano ancora vedere i tratti distintivi che hai aggiunto. È come lasciare un segno tangibile della tua esperienza nel tessuto del tempo.

E adesso, guardiamo alla luce delle scoperte scientifiche. Gli scienziati stanno esplorando le profondità dell'epigenetica per scoprire come le esperienze influenzino i nostri marcatori epigenetici. Hanno trovato collegamenti tra l'epigenetica e la salute mentale, suggerendo che le esperienze emotive potrebbero avere un impatto sulla regolazione genica. Questo ci fa riflettere su quanto sia importante curare il nostro benessere non solo fisico, ma anche mentale.

Inoltre, l'epigenetica sta gettando una nuova luce sul concetto di "eredità". Non stiamo ereditando solo geni, ma anche esperienze epigenetiche. Questo solleva interessanti domande sulle radici della salute e della malattia nelle famiglie. Potrebbe esserci un collegamento tra le esperienze vissute dai nostri antenati e la nostra salute attuale?

E mentre camminiamo in questo territorio affascinante, non

possiamo fare a meno di chiederci come possiamo usare questa conoscenza per plasmare un futuro migliore. Immaginate un mondo in cui sappiamo che le scelte che facciamo oggi possono influenzare non solo la nostra vita, ma anche quelle delle generazioni future. Ciò ci spinge a prendere decisioni più consapevoli, non solo per il nostro bene, ma anche per il bene delle generazioni a venire.

Ecco a voi, esploratori curiosi, un piccolo assaggio dell'epigenetica. È come una danza sottile tra i nostri geni e il mondo che ci circonda. Questa danza può trasformare il nostro destino, modellare la nostra salute e creare un ponte tra passato, presente e futuro. Ogni scelta che facciamo, ogni esperienza che viviamo, lascia un'impronta epigenetica nel nostro cammino. Quindi, la prossima volta che osservate il mondo con occhi pieni di meraviglia, ricordate che voi stessi siete parte di questa danza, parte di questo mistero, parte di questa meraviglia.

Cos'è l'Epigenetica?

Ciao, esploratori dell'ignoto! Oggi ci immergeremo in uno dei misteri più affascinanti del mondo scientifico: l'epigenetica! È come una storia segreta che si nasconde tra le pagine del libro della vita. Ma non preoccupatevi, useremo un linguaggio semplice e avvincente per svelare il significato dietro questa parola intrigante. Siete pronti a scoprire come l'epigenetica svela i segreti nascosti dei nostri geni e del modo in cui il nostro corpo si adatta all'ambiente che ci circonda?

Immaginate di essere in un grande teatro, dove la vita stessa è la rappresentazione. Ogni giorno, il palcoscenico cambia: le luci si accendono su nuove sfumature, i suoni si intrecciano in nuove melodie e gli attori interpretano ruoli diversi. Ma chi è il regista di questa spettacolare produzione? È l'epigenetica!

Potete pensare ai geni come le linee guida scritte del copione teatrale. Sono come le istruzioni di base per creare e far funzionare il nostro corpo. Ma l'epigenetica è la mente creativa dietro le quinte, che decide come interpretare queste istruzioni. È come se l'epigenetica dicesse agli attori (i geni) quando entrare in scena, quando recitare forte e quando parlare sottovoce. In poche parole, l'epigenetica è il direttore d'orchestra che guida la sinfonia della vita.

Ora, potreste chiedervi: "Come fa l'epigenetica a influenzare i geni?". Ecco la parte davvero magica. Immaginate che ogni gene sia come una luce che può essere accesa o spenta. L'epigenetica posiziona piccoli segnalibri sulle luci, indicando quale dovrebbe brillare intensamente e quale dovrebbe rimanere un po' più spenta. Questi segnalibri, chiamati "marcatori epigenetici", sono influenzati da ciò che facciamo e sperimentiamo nella nostra vita. Pensate a quando aggiungete segnalibri a un libro per tornare alle parti importanti. Nel nostro caso, i marcatori epigenetici ci aiutano a tornare a certi geni quando ne abbiamo bisogno. Ma ciò che rende l'epigenetica ancora più affascinante è che i marcatori epigenetici possono essere influenzati dall'ambiente. Cosa significa? Significa che le esperienze che viviamo, dalla dieta che seguiamo alla quantità di sonno che prendiamo, possono influenzare i nostri geni attraverso l'epigenetica.

Un esempio affascinante riguarda i gemelli identici. Anche se hanno lo stesso patrimonio genetico, possono avere differenze nelle loro esperienze epigenetiche a causa dell'ambiente che incontrano. Questo dimostra come l'epigenetica possa "personalizzare" i nostri geni in risposta a ciò che viviamo.

Inoltre, l'epigenetica è come un ponte che collega le generazioni. Le esperienze epigenetiche possono essere trasmesse dai genitori ai figli, creando un legame tra passato e futuro. Questo ci fa riflettere su come le esperienze dei nostri antenati possano influenzare la nostra vita.

E ora, siete pronti per la parte più emozionante? L'epigenetica sta cambiando il modo in cui pensiamo alla salute e alle malattie. Gli scienziati stanno scoprendo come i marcatori epigenetici possano essere coinvolti in condizioni come il cancro, le malattie cardiache e persino le malattie mentali. Questo apre la strada a nuovi approcci per la prevenzione e il trattamento delle malattie, basati sulla comprensione di come l'ambiente influenzi i nostri geni.

Inoltre, l'epigenetica ci ricorda che siamo coautori della nostra storia genetica. Le scelte che facciamo, l'ambiente in cui viviamo e le esperienze che viviamo possono modellare il nostro destino genetico. Questo ci dà un potere straordinario: il potere di plasmare la nostra salute e il nostro benessere attraverso le scelte che facciamo ogni giorno.

E così, cari esploratori, abbiamo gettato uno sguardo dietro le quinte della produzione teatrale della vita. Abbiamo scoperto come l'epigenetica sia il regista che trasforma le linee guida dei nostri geni in una performance straordinaria. E mentre continuiamo a imparare di più su questo mondo nascosto, ricordate che siamo parte di questa straordinaria recita. Ogni scelta, ogni esperienza, lascia un'impronta epigenetica nella nostra storia. E chi sa quali nuove scoperte ci aspettano mentre esploriamo i segreti dell'epigenetica!

EPIGENETICA IN AZIONE

Ciao, curiosi esploratori della scienza! Oggi ci addentreremo in un mondo affascinante dove i geni sono come gli strumenti di un artigiano e l'epigenetica è il maestro che decide quando e come usarli. Immaginate di trovarvi in un negozio di strumenti, dove ogni genoma è una cassetta piena di attrezzi pronti ad essere utilizzati. Ma non temete, useremo parole semplici e coinvolgenti per spiegarvi come l'epigenetica mette in moto questi strumenti in un balletto magico. Siete pronti a scoprire come l'epigenetica entra in azione per modellare il modo in cui il nostro corpo risponde al mondo intorno a noi?

Pensate ai vostri geni come a una vasta collezione di strumenti nella vostra cassetta degli attrezzi. Ogni strumento ha una funzione specifica: c'è una chiave inglese per stringere i bulloni, una sega per tagliare il legno e persino una bussola per orientarvi. Ma cosa fa la differenza? L'epigenetica è il maestro artigiano che decide quando tirare fuori uno strumento e come utilizzarlo al meglio.

Immaginate di avere un pezzo di cioccolato tra le mani. Avete mai pensato a come il vostro corpo gestisce quell'energia extra? Bene, l'epigenetica è il direttore di questa operazione. Quando mangiate il cioccolato, i geni epigenetici entrano in azione per dire alle vostre cellule di immagazzinare quell'energia in eccesso in modo sicuro. È come se l'epigenetica dicesse: "Ehi, possiamo avere bisogno di questa energia in futuro, quindi conserviamola!"

Ma ora cambiate scenario. Immaginate di gustare un succoso frutto. Cosa succede nel vostro corpo questa volta? L'epigenetica fa nuovamente il suo ingresso, ma questa volta con un obiettivo diverso. I geni epigenetici possono essere attivati in modo da massimizzare l'assorbimento delle vitamine e dei nutrienti dal frutto. È come se l'epigenetica dicesse: "Ehi, ci sono tante sostanze buone in questo frutto. Mettiamo in moto gli strumenti per trarre il massimo vantaggio da tutto ciò che contiene!"

Un altro esempio intrigante riguarda l'esposizione all'inquinamento atmosferico. Supponiamo che siate esposti a livelli elevati di inquinanti. L'epigenetica può intervenire per regolare l'espressione dei geni in modo da far fronte a questa sfida ambientale. Questo potrebbe significare attivare geni coinvolti nella difesa dalle tossine o nel ripristino del normale funzionamento cellulare. In sostanza, l'epigenetica è un meccanismo di adattamento che permette al vostro corpo di rispondere ai cambiamenti dell'ambiente.

Inoltre, l'epigenetica è un ponte che collega le vostre esperienze all'eredità futura. Immaginate che le vostre scelte di vita, come la dieta e l'esercizio fisico, possano influenzare i marcatori epigenetici. Questi marcatori possono poi essere passati ai vostri figli, creando un legame tra le vostre scelte e il futuro della vostra famiglia.

Insomma, cari esploratori, l'epigenetica è come una coreografia elegante che guida il vostro corpo in una danza intricata con l'ambiente. È il maestro di cerimonia che decide quali strumenti utilizzare in ogni situazione. È il ponte tra le vostre esperienze e il vostro destino genetico. Mentre continuate a esplorare il mondo dell'epigenetica, ricordate che ogni scelta che fate, ogni boccone che mangiate e ogni respiro che prendete può influenzare la coreografia della vostra vita. Siete pronti a ballare con l'epigenetica?

MOLECOLE EPIGENETICHE: PICCOLI ATTORI CHE CAMBIANO LO SPETTACOLO

Ciao, piccoli esploratori della scienza! Oggi ci addentreremo nel mondo affascinante delle molecole epigenetiche, quei piccoli attori che giocano un ruolo fondamentale nel teatro dell'epigenetica. Ma non preoccupatevi, useremo parole semplici e coinvolgenti per farvi capire come queste molecole possono cambiare lo spettacolo dei vostri geni. Siete pronti a scoprire i segreti delle molecole epigenetiche che agiscono dietro le quinte?

Immaginate di essere nel bel mezzo di uno spettacolo teatrale emozionante. Sul palco, i geni stanno per recitare le loro parti, ma c'è qualcosa che li controlla e regola: le molecole epigenetiche. Queste molecole sono come i registi della produzione, decidendo quale parte dei geni mettere in primo piano e quale far rimanere nascosta dietro le quinte.

Iniziamo parlando di una molecola chiamata "metil". Immaginate il metil come un piccolo lucchetto che può bloccare una parte di un gene. Quando questo lucchetto è attaccato a un gene, quel gene diventa inattivo. È come se il metil dicesse: "Hey, non leggere questa parte del copione, è fuori uso per ora!" Questo può essere utile quando alcune parti del vostro corpo non sono necessarie in determinati momenti, come quando il vostro corpo sta crescendo e sviluppandosi.

Ma ora immaginate un'altra molecola chiamata "acetil". Questa è come una chiave magica che può sbloccare il lucchetto metil. Quando il gene è sbloccato dall' acetil, diventa attivo e può essere letto. È come se l' acetil dicesse: "Ehi, è ora di far salire questo gene sul palco!" Questo può essere particolarmente utile quando il vostro corpo ha bisogno di risorse extra o quando deve adattarsi a nuove situazioni.

Le molecole epigenetiche, come metil e acetil, lavorano insieme in un intricato balletto per controllare l'espressione genica. Immaginate che il vostro DNA sia un grande copione teatrale, con molte scene diverse. Le molecole epigenetiche decidono quali scene vengono recitate e quali vengono ignorate. Questo significa che anche se avete tutti gli attori (i geni) presenti, il modo in cui lo spettacolo viene messo in scena dipende dalle molecole epigenetiche.

Un altro concetto affascinante è quello della "memoria epigenetica". Immaginate che le vostre esperienze di vita possano influenzare le molecole epigenetiche, lasciando un'impronta che può essere trasmessa alle generazioni future. Questo significa che le vostre scelte, come la dieta e l'ambiente in cui vivete, possono influenzare il modo in cui i vostri geni vengono regolati e, di conseguenza, il modo in cui la vostra storia genetica viene passata ai vostri discendenti.

Insomma, cari esploratori, le molecole epigenetiche sono gli attori silenziosi che cambiano lo spettacolo genetico. Sono i registi che decidono quali parti del copione vengono lette e quali vengono ignorate. Sono gli strumenti che modellano il modo in cui il nostro corpo si adatta all'ambiente e alle sfide della vita. Quindi, la prossima volta che vi guardate allo specchio, ricordate che dietro ogni tratto del vostro corpo c'è un intricato balletto di molecole epigenetiche che danno vita alla vostra unica storia genetica. Siete pronti a scoprire come queste piccole molecole possono cambiare lo spettacolo della vostra vita?

EREDITARIETÀ EPIGENETICA: PASSAGGIO DI INFORMAZIONI NON-GENETICHE

Ciao, curiosi esploratori dell'epigenetica! Oggi ci addentreremo in un affascinante viaggio nel mondo dell'ereditarietà epigenetica, una strada inesplorata che rivela come le esperienze dei nostri genitori possano influenzare i nostri geni attraverso le molecole epigenetiche. Siete pronti a scoprire come un piccolo messaggio epigenetico può essere trasmesso di generazione in generazione, plasmando le risposte del nostro corpo alle sfide della vita?

Immaginate che l'epigenetica sia come un leggero soffio di vento, portatore di segreti, che attraversa il tempo. È una forma di eredità che va oltre il DNA, un modo in cui i genitori possono condividere informazioni con i loro figli, non attraverso il codice genetico in sé, ma attraverso le molecole epigenetiche che influenzano il modo in cui i geni vengono letti e interpretati.

Supponiamo che tu stia indossando una maglia colorata. Questa maglia rappresenta il tuo genoma, il tuo insieme unico di geni. Ma immagina che possa cambiare leggermente a seconda delle esperienze dei tuoi genitori. Ad esempio, se tua madre ha vissuto in un ambiente stressante, le sue cellule potrebbero aver sviluppato segreti per affrontare lo stress, e alcune di queste informazioni potrebbero essere passate a te attraverso l'epigenetica.

Ora, la maglia ha qualche dettaglio speciale: dei piccoli bottoni colorati. Questi bottoni rappresentano le molecole epigenetiche. Quando tua madre affrontava lo stress, alcuni di questi bottoni si attivavano, lasciando un'impronta nell' epigenoma, il regista silenzioso dei tuoi geni. Queste impronte epigenetiche possono essere trasmesse a te, come un piccolo messaggio sulla maniera migliore per gestire lo stress.

E così, quando ti trovi a fronteggiare situazioni stressanti nella tua vita, quelle molecole epigenetiche potrebbero influenzare i tuoi geni in modo che tu possa gestire lo stress in modo simile a tua madre. È come se avessi ereditato un manuale segreto su come affrontare le sfide della vita, scritto dalle esperienze dei tuoi genitori attraverso le molecole epigenetiche.

Ma questa ereditarietà epigenetica non riguarda solo lo stress. Immagina che tuo padre abbia vissuto in un ambiente ricco di risorse. Le sue cellule potrebbero aver sviluppato strategie per sfruttare al meglio quelle risorse, e alcune di queste strategie potrebbero essere passate a te attraverso l'epigenetica. Quindi, quando ti trovi di fronte a un ambiente ricco di opportunità, le molecole epigenetiche potrebbero influenzare i tuoi geni in modo che tu possa trarne il massimo vantaggio.

Ecco un esempio incredibile di ereditarietà epigenetica: uno studio condotto su topolini maschi e femmine. Questi topolini, dopo essere stati allontanati l'uno dall'altro e messi in ambienti diversi, sono stati nutriti con cibo mentre veniva diffuso un odore sospetto. I topolini hanno imparato a sospettare del cibo a causa di quell'odore. Ma ciò che è ancora più straordinario è che i loro piccoli, nati dopo, hanno ereditato questa paura dell'odore e hanno reagito allo stesso modo dei loro genitori.

E così, cari esploratori, l'ereditarietà epigenetica è come un libro di storie segrete che si passa di generazione in generazione. Attraverso le molecole epigenetiche, i nostri genitori possono condividere con noi le loro esperienze, plasmando il nostro modo di affrontare la vita. Questo ci insegna che siamo collegati al passato e al futuro in modi più profondi di quanto possiamo immaginare, attraverso il delicato balletto delle molecole epigenetiche. Siete pronti a scoprire come queste molecole ci legano al nostro passato e ci preparano per il futuro?

**L'EPIGENETICA
E LA SALUTE**

Ciao, avventurieri della salute e del sapere! Oggi ci immergeremo in un mondo di scoperte sorprendenti e sconvolgenti: l'epigenetica e la sua connessione alla salute umana. Preparatevi a scoprire come l'ambiente può cambiare il modo in cui i nostri geni si esprimono, aprendo nuove strade per la prevenzione e il trattamento delle malattie. Siete pronti a un' emozionante avventura attraverso il mondo dell'epigenetica e della salute?

L'epigenetica è come la regia di uno spettacolo, dove i geni sono gli attori e l'ambiente è il palcoscenico. Immagina di poter cambiare le luci, le scenografie e le azioni degli attori per creare uno spettacolo ancora più coinvolgente. In modo simile, l'epigenetica cambia il modo in cui i geni vengono letti e interpretati, influenzando il nostro corpo e la nostra salute.

Pensateci in questo modo: immaginate di avere un interruttore nella vostra casa. Se lo accendete, le luci si accendono e il vostro ambiente diventa luminoso. Se lo spegnete, le luci si spengono e l'ambiente diventa buio. In un certo senso, l'epigenetica è come quegli interruttori che possono accendere o spegnere parti dei vostri geni.

Ma come funziona tutto questo? Immagina di avere un gene che è coinvolto nel controllo del tuo zucchero nel sangue. Questo gene potrebbe essere attivato o disattivato da molecole epigenetiche in base a ciò che mangi e all'ambiente circostante. Se mangi una dieta ricca di zuccheri, alcune molecole epigenetiche potrebbero spegnere il gene, rendendo più difficile per il tuo corpo gestire il livello di zucchero nel sangue. D'altro canto, se segui una dieta equilibrata, queste molecole potrebbero attivare il gene, aiutandoti a mantenere stabili i tuoi livelli di zucchero nel sangue. Ecco un altro esempio: immagina di avere un gene che è coinvolto nella risposta infiammatoria del tuo corpo. Questo gene potrebbe essere influenzato dall'ambiente circostante e dalle esperienze che hai vissuto. Se sei stato esposto a livelli elevati di stress per un lungo periodo, alcune molecole epigenetiche potrebbero attivare questo gene, portando a una risposta infiammatoria cronica nel tuo corpo. Questo potrebbe aumentare il rischio di malattie cardiache o di altre condizioni infiammatorie.

Ma c'è di più: le scoperte sull'epigenetica potrebbero aprirci la porta a nuove opportunità per la prevenzione e il trattamento delle malattie. Immagina se potessimo sviluppare farmaci che agiscono sulle molecole epigenetiche per invertire gli effetti negativi dell'ambiente sul nostro corpo. Questo potrebbe significare trattamenti più mirati e personalizzati, che tengono conto delle influenze epigenetiche specifiche di ogni individuo.

Inoltre, l'epigenetica ci sta aiutando a capire meglio come alcune malattie ereditarie vengono trasmesse di generazione in generazione. Capire come queste malattie sono influenzate dalle impronte epigenetiche potrebbe portare a nuove strategie per prevenirle o trattarle.

E così, cari esploratori della salute, l'epigenetica ci sta offrendo una visione completamente nuova del legame tra ambiente e salute. È come se potessimo manipolare gli interruttori dei nostri geni, creando un ambiente che promuove la salute e il benessere. Questa scoperta potrebbe cambiare radicalmente il modo in cui preveniamo e trattiamo le malattie, portandoci verso un futuro in cui la nostra salute è modellata dalla complessa coreografia delle molecole epigenetiche. Siete pronti a mettere in scena un futuro più sano grazie a questa danza nascosta tra geni ed epigenetica?

**L'EPIGENETICA
E IL FUTURO**

Ciao, esploratori del futuro! Oggi ci immergeremo in un mondo di possibilità straordinarie: il futuro dell'epigenetica. Chiudete gli occhi e immaginate un mondo in cui possiamo plasmare i nostri geni epigenetici come fossero argilla, modellando la nostra salute e il nostro destino. Anche se questo potrebbe sembrare tratto da un film di fantascienza, la realtà è che la ricerca in epigenetica sta aprendo porte verso un futuro che va oltre la nostra immaginazione.

Pensateci: potremmo scoprire come prevenire malattie ereditarie attraverso l'epigenetica. Mentre alcune condizioni sono scolpite nel nostro DNA, altre sono influenzate dalle molecole epigenetiche che possono essere "attivate" o "spente" dal nostro ambiente e dalle nostre scelte di vita. Immaginate di poter intervenire su queste molecole per evitare che certi geni diventino iperattivi, riducendo così il rischio di malattie ereditarie che potrebbero colpire noi o le generazioni future.

Ma non è finita qui. La personalizzazione dei trattamenti potrebbe essere rivoluzionata dall'epigenetica. Immagina di ricevere una terapia che non solo tiene conto dei tuoi sintomi, ma considera anche le impronte epigenetiche specifiche che hanno contribuito alla tua condizione. Questo potrebbe portare a trattamenti più efficaci e mirati, che rispondono alle tue esigenze individuali.

E se potessimo influenzare positivamente le generazioni future attraverso l'epigenetica? Gli studi hanno dimostrato che le esperienze e l'ambiente dei genitori possono influenzare le impronte epigenetiche dei loro figli. Immagina di poter offrire ai futuri figli un ambiente epigenetico favorevole, preparando la strada per una vita più sana e felice. Anche se siamo ancora agli inizi di questa ricerca, i progressi nell'epigenetica potrebbero dare vita a nuove strategie per migliorare la salute delle generazioni a venire.

Ecco una citazione per riflettere: "Il futuro dipende da ciò che fai oggi" - Mahatma Gandhi. Queste parole sono particolarmente rilevanti quando si tratta dell'epigenetica. Ogni scelta che facciamo oggi, dal cibo che mangiamo all'ambiente in cui viviamo, può influenzare le nostre impronte epigenetiche e le future generazioni. Siamo i custodi del futuro, e la scienza dell'epigenetica ci sta dando l'opportunità di fare scelte informate e consapevoli per plasmare un mondo migliore per tutti.

E così, cari viaggiatori del tempo, siamo sulla soglia di un futuro sorprendente e straordinario grazie all'epigenetica. Le porte dell'innovazione e della scoperta sono spalancate davanti a noi. Non possiamo sapere esattamente cosa ci riserva il futuro, ma possiamo essere sicuri che l'epigenetica sarà una forza guida che ci aiuterà a scrivere una storia di salute, benessere e speranza. Siete pronti a prendere parte a questa avventura epigenetica e a dare forma al futuro con le vostre scelte e il vostro impegno? È ora di mettere in pratica la visione di Gandhi e fare in modo che il futuro rifletta le azioni che intraprendiamo oggi!

Conclusioni: L'Epigenetica - Un Capitolo Affascinante della Biologia!

Cari avventurieri della conoscenza, è giunto il momento di fare una pausa e riflettere sul nostro affascinante viaggio nell'universo dell'epigenetica. Ci siamo addentrati in un mondo nascosto, dove le molecole svolgono danze intricate e dove le decisioni epigenetiche plasmano le nostre esperienze e persino influenzano le generazioni future. Ogni passo che abbiamo fatto ci ha condotto verso la comprensione di una forza sottile ma potente che opera in ogni cellula del nostro corpo.

Abbiamo imparato che l'epigenetica è come il maestro di

cerimonia di un intricato balletto genetico. Le molecole epigenetiche, come direttori esperti, coordinano ogni movimento, decidendo quali geni vengono attivati e quali rimangono in silenzio. E non dimentichiamoci del passaggio ereditario di queste istruzioni epigenetiche, un messaggio silenzioso che ci lega alle storie dei nostri antenati.

Quando guardi un albero che cambia colore in autunno o assapori il gusto di un frutto maturo, ricorda che l'epigenetica è l'artista dietro le quinte che dà vita a queste meraviglie. È come un mago invisibile che trasforma l'ambiente in una sinfonia di risposte genetiche. Ogni scelta che facciamo, ogni esperienza che viviamo, viene impressa nelle nostre impronte epigenetiche, lasciando un segno indelebile sulla nostra storia.

L'epigenetica ci offre una finestra verso il passato e una chiave per il futuro. Ci insegna che non siamo solo vittime del nostro patrimonio genetico, ma che abbiamo il potere di influenzare come i nostri geni si esprimono. Possiamo plasmare il nostro destino attraverso scelte consapevoli, stili di vita sani e ambienti favorevoli. È un potere sorprendente, una responsabilità che ci spinge a prendere il timone della nostra salute e del nostro benessere.

E così, con occhi pieni di meraviglia e cuori colmi di gratitudine, chiudiamo questo capitolo del nostro viaggio. Ricordate che l'epigenetica è una storia in evoluzione, una scienza che si evolve e si espande ogni giorno. Le domande senza risposta ci ispirano a continuare a cercare, a esplorare e a scoprire. Come diceva Albert Einstein: "La conoscenza inizia con l'ammirazione". Che la meraviglia di questo mondo nascosto continui a guidarci mentre attraversiamo le pagine della vita.

E ora, viaggiatori del sapere, siete pronti per nuove avventure? Siete armati con la conoscenza che l'epigenetica ci ha donato, pronti a scrutare l'orizzonte in cerca di segreti e scoperte? La palla è nelle vostre mani, e il futuro vi aspetta con braccia aperte. Che le vostre scelte, informate dalla saggezza dell'epigenetica, plasmino un cammino luminoso e straordinario davanti a voi. Buona fortuna, e che l'entusiasmo per l'apprendimento vi guidi in ogni passo del vostro percorso!

Danza Segreta tra Genetica ed Epigenetica: Come i Geni e l'Ambiente Si Intrecciano!

Ciao a voi, curiosi avventurieri del sapere! Siete pronti a entrare nel mondo intrigante e affascinante dove la genetica ed epigenetica si incontrano e danzano una coreografia segreta? Non temete, vi accompagnerò attraverso questo viaggio con parole chiare e coinvolgenti, mentre esploriamo come i mattoncini fondamentali del nostro essere - i geni - si intrecciano con l'ambiente tramite il meraviglioso mondo dell'epigenetica. Prendete una boccata d'aria fresca, mettetevi comodi e preparatevi ad ammirare la danza intricata che dà vita alla nostra esistenza!

Nel grande teatro della vita, i geni svolgono il ruolo delle stelle principali, portando avanti le istruzioni essenziali per la nostra crescita, sviluppo e funzionamento quotidiano. Sono le note scritte nell'enorme partitura che è il nostro DNA, guidando ogni passo della nostra avventura umana. Ma c'è un compagno di ballo che non possiamo ignorare: l'epigenetica.

L'epigenetica è come la coreografa di questa performance intricata. Mentre i geni offrono la melodia di base, è l'epigenetica che decide come questa melodia viene interpretata. Immaginate una canzone eseguita in diversi stili: il testo è lo stesso, ma l'interpretazione può variare dal lento al vivace, dal dolce all'energico. Questo è ciò che fa l'epigenetica - modifica il modo in cui i geni vengono eseguiti sulla scena della vita.

Ma come avviene questa magia epigenetica? Immaginate che il vostro DNA sia una libreria gigante piena di libri, ognuno contenente informazioni preziose. L'epigenetica agisce come un archivista, decidendo quali libri aprire e quali chiudere. Le molecole epigenetiche, come gli strumenti di un direttore d'orchestra, modificano l'accesso ai geni, influenzando se saranno attivati o meno. Questo può dipendere da segnali esterni, come il cibo che mangiamo, lo stress che viviamo e l'ambiente in cui ci troviamo.

E ora, tenetevi forte, perché qui arriva una parte davvero emozionante. I cambiamenti epigenetici possono persino essere ereditati! Immaginate di ricevere una preziosa eredità che va oltre gioielli o beni materiali. Dai nostri genitori, possiamo ereditare messaggi epigenetici che influenzano come i nostri geni si comporteranno. È come se stessimo ricevendo una mappa dei sentieri che i nostri antenati hanno percorso.

Ma non fatevi prendere dal panico! Questo non significa che siamo destinati a seguire pedissequamente le orme dei nostri antenati. Siamo maestri della nostra danza epigenetica. Le scelte che facciamo, dall'alimentazione all'esercizio fisico, dall'ambiente in cui viviamo alle abitudini quotidiane, influenzano il modo in cui l'epigenetica modifica i nostri geni. Possiamo trasformare il palcoscenico della nostra vita in uno spettacolo meraviglioso attraverso le scelte consapevoli e il nostro impegno nel plasmare il nostro benessere.

Quindi, cari amici, la prossima volta che osservate un albero che cambia colore con l'arrivo dell'autunno o gustate un frutto succoso, ricordate che state assistendo a un concerto epigenetico. La danza tra geni ed epigenetica è una sinfonia che unisce natura e nutrimento, ambiente ed eredità, creando la melodia unica che è la vostra vita.

E come disse una volta Carl Sagan, "Siamo fatti di polvere di stelle". Le nostre storie epigenetiche sono intrecciate con quelle delle stelle che brillano nell'universo. La prossima volta che guardate il cielo notturno, ricordate che la vostra danza epigenetica è una parte preziosa di questa vasta coreografia cosmica.

Così, con occhi pieni di meraviglia e cuori colmi di gratitudine, chiudiamo questa tappa del nostro viaggio. Continuate a ballare attraverso la vita, sapendo che siete i protagonisti della vostra coreografia epigenetica. Che le vostre scelte e azioni influenzino il modo in cui i vostri geni si esprimono, creando una sinfonia unica che è solo vostra. E mentre proseguite nel vostro cammino, ricordate sempre: siete i direttori della vostra danza epigenetica, gli artefici della vostra storia.

LA GENETICA: LA MAPPA DEL NOSTRO DESTINO

Salve a voi, curiosi navigatori di questa straordinaria avventura scientifica! Siete pronti a svelare i segreti celati nelle pagine del nostro destino, nelle trame intricate dei nostri geni? Attraverso parole chiare e coinvolgenti, vi condurrò in un viaggio che rivela come il nostro corpo sia il risultato di un elaborato manuale di istruzioni, scritto nel linguaggio del DNA. Prendete fiato, perché ci immergeremo nella genetica, la mappa iniziale che ci guida attraverso il percorso della vita.

Immaginate i vostri geni come le pagine di un libro epico, una storia unica che racconta chi siete e chi potreste diventare. Questo libro straordinario è il nostro DNA, una sequenza di lettere che contiene le istruzioni essenziali per costruire e far funzionare il nostro corpo. Da come nascono i nostri capelli a come il nostro cuore batte, i geni hanno un ruolo cruciale in tutto ciò che siamo.

E come ogni racconto affascinante, questa storia ha radici profonde. I geni che portiamo sono ereditati dai nostri genitori, una sorta di passaporto genetico che ci collega alle generazioni passate. Questo è il motivo per cui somigliamo ai nostri genitori e ai nonni, perché condividiamo tratti e caratteristiche che sono stati tramandati attraverso i secoli.

Ma c'è di più. I nostri geni non sono solo una traccia dell'eredità biologica, sono anche una mappa delle potenzialità che possiamo raggiungere. La genetica può influenzare le nostre probabilità di sviluppare alcune malattie, determinare come reagiamo a determinati farmaci e persino influenzare il nostro temperamento. Ecco perché la genetica è spesso descritta come la mappa che guida il nostro destino.

Eppure, come accade in ogni buon romanzo, c'è un intreccio più profondo. La genetica non è solo il capitolo finale del nostro racconto. È solo l'inizio. Le nostre scelte di vita, il nostro ambiente e le esperienze che viviamo possono influenzare il modo in cui i nostri geni si esprimono. Questo concetto affascinante è noto come epigenetica, la danza segreta tra il nostro DNA e il mondo intorno a noi.

E questo vale anche per la genetica. Le vostre scelte quotidiane, dalla dieta all'esercizio fisico, dall'ambiente in cui vivete alle abitudini che coltivate, possono modulare l'espressione dei vostri geni. Siete i narratori attivi di questa storia, capaci di plasmare il vostro destino attraverso scelte consapevoli.

Ma come in ogni trama avvincente, ci sono svolte e sorprese. La genetica è una scienza in continua evoluzione, e nuove scoperte ci attendono nel futuro. Potremmo scoprire terapie innovative per le malattie genetiche, trovare nuovi modi per prevenire le condizioni ereditarie e forse persino sbloccare segreti dell'immortalità. E mentre ci avventuriamo in questa terra inesplorata, non dimentichiamoci mai delle parole di Albert Einstein, "L'immaginazione è più importante della conoscenza".

Così, cari esploratori, concludiamo questo capitolo del nostro viaggio attraverso la genetica. Abbiamo visto come i geni siano come le pagine di un libro che racconta la nostra storia, come il DNA sia la mappa iniziale del nostro destino. Ma ricordate che voi siete i protagonisti di questa narrazione, capaci di scrivere le vostre pagine uniche attraverso le scelte che fate e l'amore che mettete nel vostro viaggio. E mentre vi allontanate da queste parole, portate con voi il potere di trasformare la vostra storia, di aprirvi a nuove prospettive e di continuare a esplorare le meraviglie nascoste nei vostri geni.

L'EPIGENETICA: IL MAESTRO DEL PALCOSCENICO

Benvenuti, spettatori curiosi, a uno spettacolo straordinario dove i geni e l'ambiente si intrecciano in una danza segreta che dà vita alla nostra esistenza. Oggi, solleviamo il sipario sull'epigenetica, il maestro dietro le quinte che regola questa complessa coreografia genetica. Ma non preoccupatevi, useremo parole chiare e coinvolgenti per spiegarvi come funziona questo affascinante regno dell'epigenetica.

Immaginate di essere nel backstage di un grande teatro, dove ogni singola cellula del vostro corpo è un attore pronto a recitare la sua parte. I geni sono le linee guida del copione, ma l'epigenetica è il regista che dà vita alle parole e alle azioni degli attori. Attraverso una serie di segnali chimici e molecole speciali, chiamate marcatori epigenetici, l'epigenetica decide quali geni devono essere attivi e quali devono restare inattivi.

Come un coreografo abile, l'epigenetica decide quali scene mettere in risalto. Immaginate che alcuni geni siano come attori principali, chiamati in primo piano per eseguire il loro ruolo in modo brillante. Altri geni possono essere messi in secondo piano, contribuendo al quadro generale ma non dominando la scena. Questa danza regolata dall'epigenetica è ciò che conferisce a ciascuno di noi la sua unicità, dando vita a una varietà infinita di caratteristiche fisiche e comportamentali.

Ecco come funziona questa coreografia molecolare: immaginate i geni come luci nascoste su un palcoscenico. Gli attori epigenetici, come i marcatori metilici e acetilici, agiscono come interruttori che accendono o spengono queste luci. Quando un gene ha il suo interruttore acceso, viene letto e tradotto in azione, influenzando il funzionamento della cellula. Al contrario, quando l'interruttore è spento, quel gene rimane inattivo, come un attore in attesa del suo turno sul palco.

Questa danza epigenetica è tanto dinamica quanto misteriosa. Non solo può influenzare la nostra salute e il nostro benessere, ma può anche trasmettere informazioni da una generazione all'altra. Immaginate di ricevere un vecchio diario di famiglia che contiene preziose storie e conoscenze. In modo simile, l'epigenetica può ereditare informazioni dal passato, influenzando la salute dei nostri discendenti.

Come ha detto una volta Ralph Waldo Emerson, "Il viaggio di mille miglia inizia con un singolo passo". E così, esploratori del sapere, ci troviamo all'inizio di un incredibile viaggio attraverso l'epigenetica. Abbiamo gettato uno sguardo dietro le quinte di questa produzione molecolare che dà forma alle nostre vite. E mentre alziamo il sipario su questo capitolo, ricordate che voi siete gli attori principali, i protagonisti di questa straordinaria rappresentazione della vita. Continuate a esplorare, a scoprire e a danzare al ritmo affascinante della vostra epigenetica, contribuendo a scrivere un nuovo capitolo nella storia dell'umanità.

LA DANZA DELL'INTERAZIONE

Benvenuti a questa affascinante performance, dove genetica ed epigenetica si fondono in una danza intricata che dà vita alla nostra esperienza. Preparatevi ad immergervi nell'incantevole mondo dell'interazione tra geni ed epigenetica, dove ogni passo e ogni movimento raccontano una storia unica.

Immaginate di essere testimoni di un duetto tra due ballerini eccezionali: la genetica e l'epigenetica. La genetica, con le sue istruzioni scritte nel DNA, è il ballerino principale. Fornisce il repertorio di passi di danza, rappresentati dai geni, che formano la base della nostra biologia. Ma è l'epigenetica, come un abile coreografo, che decide come interpretare e eseguire questi passi.

Questa danza dell'interazione è un'opera di arte molecolare, dove i marcatori epigenetici agiscono come direttori d'orchestra, modulando l'espressione dei geni. Se pensate ai geni come note musicali, l'epigenetica è ciò che decide come suonare quella melodia. Questo può avere un impatto significativo sulla nostra biologia e sul nostro destino.

Un esempio eloquente di questa danza è quando consideriamo l'altezza. Immaginate che il gene per la crescita sia una coreografia di passi di danza. L'epigenetica interviene determinando quanto di quel repertorio genetico verrà eseguito. Se seguite una dieta equilibrata e siete attivi fisicamente, l'epigenetica potrebbe attivare quel gene per la crescita al massimo, consentendovi di raggiungere il vostro potenziale di altezza. D'altro canto, uno stile di vita sedentario e una dieta poco salutare potrebbero ridurre l'attivazione di quel gene, limitando la vostra crescita.

Questa danza dell'interazione non si limita solo alle caratteristiche fisiche. Anche il nostro benessere mentale è influenzato da questa coreografia molecolare. Gli studi mostrano che l'epigenetica può influenzare la nostra risposta allo stress e la nostra suscettibilità alle malattie mentali. L'ambiente in cui viviamo, le esperienze che affrontiamo e le scelte che facciamo possono modulare l'epigenetica, dando forma al modo in cui ci relazioniamo con il mondo intorno a noi.

Questa danza dell'interazione ci spinge a riflettere sul potere delle nostre scelte. Ogni passo che facciamo, ogni decisione che prendiamo, può influenzare la coreografia genetica ed epigenetica della nostra vita. Possiamo modulare il nostro destino attraverso scelte consapevoli e uno stile di vita sano.

E così, con un finale mozzafiato, ci prepariamo a concludere questa rappresentazione. Ma come ogni spettacolo, lasciamo il palcoscenico con una sensazione di meraviglia e desiderio di saperne di più. La danza dell'interazione tra genetica ed epigenetica è un affascinante capitolo della nostra storia biologica, una coreografia che ci definisce e ci connette con il mondo che ci circonda. Continuiamo ad esplorare questa danza, ad apprendere da essa e a cercare nuovi modi per danzare in armonia con i segreti dell'interazione genetica ed epigenetica.

EREDITARIETÀ EPIGENETICA: PASSAGGIO DI MESSAGGI SILENZIOSI

Benvenuti a questa affascinante performance, dove i segreti dell'ereditarietà epigenetica ci conducono in un mondo di messaggi silenziosi che si trasmettono di generazione in generazione. Siete pronti a scoprire come i marcatori epigenetici possono passare dai genitori ai figli, influenzando la nostra coreografia biologica?

Immaginate di essere spettatori di una trasmissione di conoscenze segrete tra genitori e figli. Questa trasmissione avviene attraverso una serie di marcatori epigenetici, molecole che portano con sé informazioni preziose. Questi marcatori epigenetici possono essere modificati dall'ambiente in cui viviamo, dalle nostre esperienze e dalle nostre scelte di vita. E incredibilmente, alcune di queste modifiche possono essere ereditate dai nostri genitori e trasmesse ai nostri figli, creando una connessione intima tra le generazioni.

Pensate a vostra madre come una ballerina che ha danzato attraverso la vita, affrontando sfide e esperienze uniche. Le sue esperienze hanno lasciato una traccia nel suo corpo attraverso marcatori epigenetici. Quando è giunto il momento di diventare genitori, alcuni di questi marcatori epigenetici potrebbero essere passati a voi, portando con sé messaggi silenziosi su come affrontare il mondo.

Ad esempio, se vostra madre ha vissuto in un ambiente stressante durante la gravidanza, alcuni dei suoi marcatori epigenetici potrebbero essere stati modellati in risposta allo stress. Questi marcatori epigenetici potrebbero influenzare la vostra risposta allo stress fin dall'infanzia. È come ricevere una mappa di danza speciale da vostra madre, che vi guida attraverso le sfide che potreste affrontare.

Ma questa ereditarietà epigenetica non è solo unidirezionale. Anche voi, con le vostre scelte di vita e il vostro ambiente, potete influenzare i marcatori epigenetici che verranno trasmessi ai vostri figli. Se adottate uno stile di vita sano, fatto di buone scelte alimentari, attività fisica e gestione dello stress, potreste contribuire a modellare i marcatori epigenetici che passeranno ai vostri discendenti.

E così, questa danza silenziosa di messaggi epigenetici collega le generazioni in una coreografia biologica che abbraccia passato, presente e futuro. Riflette come il nostro corpo è influenzato non solo dalla nostra genetica, ma anche dalle esperienze vissute dai nostri antenati e dalle scelte che facciamo nella nostra vita.

La comprensione di questa ereditarietà epigenetica ci spinge a riflettere sulla responsabilità che abbiamo verso le generazioni future. Le nostre azioni e scelte possono avere un impatto duraturo sulle vite dei nostri figli e dei loro figli. Come custodi di questa danza epigenetica, possiamo scegliere di trasmettere messaggi di salute, benessere e resilienza attraverso i nostri marcatori epigenetici.

E così, lasciamo il palcoscenico con una nuova consapevolezza della danza segreta tra genetica ed epigenetica. Siamo parte di una storia più ampia, dove il passaggio di messaggi silenziosi si intreccia con il fluire del tempo. Che questa consapevolezza ci ispiri a ballare con grazia, a vivere con intenzione e a trasmettere ai nostri discendenti una coreografia di vita ricca e vibrante.

L'EPIGENETICA E L'AMBIENTE: L'EFFETTO DEL MONDO ESTERNO

Benvenuti in questa affascinante performance dove scopriremo come l'ambiente in cui viviamo possa influenzare la danza segreta tra i nostri geni ed epigenetica. Siete pronti a esplorare come il mondo esterno può cambiare la nostra coreografia biologica?

Immaginate di essere ballerini che si esibiscono su vari palcoscenici. Ogni teatro ha il suo pubblico unico e le proprie atmosfere. Di conseguenza, adattate la vostra coreografia in base al contesto. In modo simile, il nostro corpo, guidato dall'epigenetica, può adattarsi all'ambiente circostante. Le esperienze che viviamo e le sfide che affrontiamo possono influenzare i marcatori epigenetici, modificando il modo in cui i nostri geni vengono letti e interpretati.

Pensate al vostro corpo come a un ballerino flessibile e adattabile. Se vi trovate in un ambiente inquinato, il vostro corpo potrebbe regolare i marcatori epigenetici per affrontare lo stress causato dall'inquinamento. Al contrario, se vivete in un ambiente ricco di risorse e benessere, il vostro corpo potrebbe adattarsi in modo diverso, consentendo una coreografia biologica più ottimale.

La dieta e lo stile di vita sono due fattori importanti che influenzano i marcatori epigenetici. Ad esempio, se seguite una dieta equilibrata e sana, potreste attivare marcatori epigenetici che migliorano il metabolismo e la salute generale. D'altra parte, uno stile di vita sedentario e una dieta poco salutare potrebbero portare a marcatori epigenetici che aumentano il rischio di malattie.

Ma l'ambiente non influisce solo sulle funzioni fisiche del nostro corpo. Anche le nostre esperienze emotive possono lasciare un'impronta epigenetica. Immaginate di provare stress o felicità intensi. Queste emozioni possono attivare marcatori epigenetici che influenzano la nostra risposta allo stress o al piacere, creando una coreografia biologica unica per ogni individuo.

E ora, guardatevi intorno. L'ambiente in cui vivete, la qualità dell'aria che respirate, gli alimenti che consumate e le emozioni che provate, tutto ciò contribuisce a modellare la vostra danza epigenetica. Questo ci ricorda che siamo parte integrante del mondo che ci circonda e che la nostra coreografia biologica è intrecciata con l'ecosistema in cui viviamo.

La comprensione di come l'ambiente influenzi l'epigenetica ci offre un potente strumento per prendere il controllo della nostra salute e del nostro benessere. Possiamo fare scelte consapevoli per creare un ambiente che favorisca una coreografia biologica sana. Questo ci rende non solo ballerini, ma anche registi della nostra stessa danza epigenetica.

E così, lasciamo il palcoscenico con una nuova comprensione della danza tra genetica ed epigenetica, un'armonia in cui l'ambiente esterno si intreccia con la coreografia interna del nostro corpo. Siamo consapevoli che ogni scelta che facciamo, ogni passo che intraprendiamo, influenzerà la nostra danza biologica e il nostro benessere complessivo. Che possiamo ballare questa danza con grazia e consapevolezza, creando una coreografia epigenetica che risuoni di salute e vitalità.

L'EPIGENETICA E LA MEDICINA: UNA NUOVA FRONTIERA

Benvenuti in questa emozionante esplorazione della connessione tra epigenetica e medicina. Oggi ci addentreremo in una nuova frontiera della scienza, dove i marcatori epigenetici diventano i custodi dei segreti della nostra salute. Siete pronti a scoprire come l'epigenetica sta aprendo nuove strade nella prevenzione e nel trattamento delle malattie?

Pensate ai marcatori epigenetici come a piccoli archivi che raccolgono le storie della nostra vita. Ogni esperienza, ogni sfida e ogni scelta che facciamo lasciano un'impronta su questi archivi epigenetici. Gli scienziati stanno studiando come leggere e interpretare questi archivi per ottenere una comprensione più approfondita della nostra salute.

Immaginate di avere accesso a un libro che racconta la storia della vostra salute. Questo libro sarebbe scritto con i marcatori epigenetici, che registrano come il vostro corpo ha reagito alle influenze dell'ambiente, dello stile di vita e persino delle emozioni. Leggere questo libro potrebbe fornire agli scienziati preziose informazioni su quali malattie siete più inclini a sviluppare e come intervenire in modo mirato.

Ma cosa succede se potessimo fare più di una semplice lettura? E se potessimo anche modificare la coreografia della nostra salute? Qui entra in gioco la medicina epigenetica. Gli scienziati stanno esplorando modi per influenzare i marcatori epigenetici per prevenire o trattare malattie. Ad esempio, se si scopre che alcuni marcatori epigenetici sono associati a un rischio elevato di diabete, potremmo sviluppare trattamenti che mirano a modificare quei marcatori, riducendo così il rischio di sviluppare la malattia.

Questa approccio personalizzato alla medicina potrebbe rivoluzionare la nostra capacità di prevenire e trattare malattie. Invece di usare un approccio "taglia unica", la medicina epigenetica considera le caratteristiche individuali di ciascun paziente. Questo potrebbe portare a trattamenti più efficaci e a una migliore gestione della salute.

Immaginate di poter cambiare la coreografia della vostra salute. Di poter "riscrivere" alcuni brani per creare una sinfonia di benessere. Anche se siamo ancora all'inizio di questa strada, le scoperte in medicina epigenetica ci danno una speranza straordinaria per il futuro. Possiamo immaginare un mondo in cui le malattie non sono solo trattate, ma prevenute in modo personalizzato, grazie alla conoscenza dei nostri marcatori epigenetici.

E così, lasciamo questa fase illuminati dalla promessa della medicina epigenetica. Un mondo in cui la prevenzione e il trattamento delle malattie sono plasmati dalla nostra coreografia epigenetica unica. Un mondo in cui la scienza e la medicina collaborano per creare uno spettacolo di salute personalizzato, in cui ognuno di noi può danzare al ritmo del benessere. Che possiamo guardare al futuro con speranza, sapendo che l'epigenetica sta aprendo nuove frontiere per la nostra salute e il nostro benessere.

L'INTER-PLAY FUTURO TRA GENETICA ED EPIGENETICA

Benvenuti nel mondo del futuro, dove la genetica ed epigenetica danzano insieme in un intreccio di scoperta scientifica e potenziale trasformazione. Questo è il palcoscenico in cui i futuri ballerini della scienza si stanno preparando per uno spettacolo eccezionale: l' interplay tra genetica ed epigenetica.

Immaginatevi come coreografi di questa danza, esplorando come i nostri geni e i marcatori epigenetici si influenzano reciprocamente. Questi giovani scienziati stanno indagando su come possiamo utilizzare questa conoscenza per influenzare positivamente i marcatori epigenetici e promuovere la salute e il benessere. Questo potrebbe aprire le porte a un mondo di trattamenti personalizzati, progettati su misura per ciascun individuo.

La scienza sta aprendo nuovi orizzonti, mostrandoci che possiamo fare molto di più che semplicemente leggere i segreti nascosti nei nostri geni. Possiamo anche lavorare con l'epigenetica per cambiare la coreografia della nostra salute. Questo potrebbe significare sviluppare trattamenti che mirano a modificare i marcatori epigenetici per prevenire o trattare malattie. Immaginate di poter "riscrivere" parti del vostro codice epigenetico per creare una sinfonia di salute ottimale.

Ma c'è di più. Questo intreccio tra genetica ed epigenetica potrebbe anche rivelare i segreti su come diventiamo ciò che siamo. I futuri scienziati stanno esplorando come l'ambiente, lo stile di vita e le esperienze possano modellare i marcatori epigenetici e influenzare il modo in cui i nostri geni si esprimono. Questo potrebbe portarci a una comprensione più profonda di come si sviluppa la nostra identità, come affrontiamo le sfide e come possiamo prosperare.

L' interplay tra genetica ed epigenetica ci sfida a pensare in modo nuovo e creativo. Ci sfida a considerare come possiamo plasmare il nostro destino attraverso scelte informate e consapevoli. Questo non è solo un campo di studio per gli scienziati, ma un invito a tutti noi a partecipare a questa danza affascinante e in continua evoluzione tra la nostra eredità genetica e l'ambiente che ci circonda.

E così, mentre guardiamo al futuro, possiamo immaginare un mondo in cui la scienza ci offre il potere di danzare con i nostri geni ed epigeni per creare una sinfonia di salute e benessere. I futuri ballerini della scienza stanno già preparando il palcoscenico per questa performance straordinaria. È ora di unirsi a loro, afferrare la mano del sapere e danzare verso un futuro di possibilità senza confini.

CONCLUSIONE: LA DANZA ARMONIOSA TRA GENI ED EPIGENETICA

E così, con menti curiose e cuori aperti, abbiamo svelato i segreti di una delle danze più affascinanti che si svolgono all'interno del nostro corpo: quella tra geni ed epigenetica. Come esploratori incrollabili, abbiamo imparato che i geni sono come le pagine di un libro intricato, contenenti le istruzioni per la nostra esistenza, mentre l'epigenetica è come il coreografo che dà vita a quelle istruzioni, modellando la nostra risposta all'ambiente circostante. Abbiamo camminato lungo i sentieri dell'ereditarietà epigenetica, scoprendo come i messaggi silenziosi dei nostri genitori possano influenzare la nostra coreografia genetica. Le esperienze vissute dai nostri antenati possono trovare un riflesso nei nostri marcatori epigenetici, come una danza segreta che si tramanda attraverso le generazioni.

E non dimentichiamo l'ambiente, il palcoscenico su cui si svolge questa danza. Abbiamo esplorato come l'epigenetica sia sensibile all'ambiente che ci circonda, reagendo alle sfide e alle opportunità che incontriamo. È come una coreografia in costante evoluzione, plasmata dalle esperienze, dalla dieta, dallo stile di vita e persino dalle emozioni che viviamo.

Così, mentre concludiamo questa avventura, ricordiamo che la nostra comprensione è solo all'inizio. C'è ancora tanto da scoprire, da esplorare e da comprendere. La danza tra geni ed epigenetica è un'opera in continua evoluzione, un balletto intricato che rivela sempre nuovi segreti mentre noi scrutiamo il palcoscenico della scienza.

E mentre lasciamo questo capitolo, portiamo con noi la consapevolezza che ogni volta che prendiamo una decisione, che viviamo un'esperienza o che facciamo una scelta, stiamo partecipando a questa danza armoniosa tra geni ed epigenetica. Siamo parte di una sinfonia più grande, di una narrazione che si svolge all'interno dei nostri stessi corpi.

Così, con curiosità nel cuore e la luce della conoscenza come guida, continuiamo ad esplorare, a scoprire e a danzare con i segreti dei nostri geni ed epigeni. Chi sa quali scoperte straordinarie ci attendono lungo il percorso? La danza continua, e siamo i protagonisti di questa storia affascinante, unici e meravigliosi come le note di una melodia perfetta.

Storie di Cambiamenti Nascosti: Esempi Concreti di Epigenetica nella Vita di Tutti i Giorni!

Benvenuti, esploratori dell'epigenetica! Oggi ci addentreremo nelle storie straordinarie di come piccoli segreti chiamati marcatori epigenetici possono trasformare le nostre vite. Questi non sono solo racconti, ma pezzi concreti di come la danza segreta tra geni ed epigenetica si svolge nella realtà di tutti i giorni.

Cominciamo con la storia di Anna. Anna è nata da genitori che vivevano in ambienti diversi. Suo padre cresceva in una città inquinata, mentre sua madre cresceva in un ambiente rurale. Questa variazione nell'ambiente ha influenzato i loro marcatori epigenetici. Quando Anna è nata, ha ereditato marcatori epigenetici che riflettevano entrambi gli ambienti. Questa miscela ha reso il suo corpo più adattabile a diverse situazioni, proprio come un ballerino versatile che può danzare su più tipi di palcoscenici.

Poi c'è Marco, un giovane appassionato di cucina sana. Mangiare cibi ricchi di vitamine e antiossidanti ha influenzato i suoi marcatori epigenetici in modo positivo. Questi marcatori hanno "sintonizzato" i suoi geni per utilizzare al meglio i nutrienti che mangiava, contribuendo a mantenere il suo corpo sano e vigoroso. Ora, incontriamo Sofia, una musicista con un talento innato per il pianoforte. I ricercatori hanno scoperto che il suo talento potrebbe essere legato a una mutazione epigenetica che aumenta l'espressione di geni correlati alla coordinazione motoria e all'abilità musicale. In pratica, i suoi marcatori epigenetici hanno orchestrato una sinfonia genetica che ha dato vita alla sua straordinaria abilità musicale.

Ma l'epigenetica non influisce solo su noi, bensì anche sulle generazioni future. Luca, un futuro padre, sta adottando uno stile di vita sano prima della nascita dei suoi figli. La sua scelta di mangiare bene, fare esercizio e ridurre lo stress ha il potenziale per influenzare i marcatori epigenetici nelle sue cellule riproduttive. Questo potrebbe trasmettere benefici epigenetici ai suoi futuri figli, preparandoli per una vita sana fin dall'inizio.

Infine, incontriamo Isabella, una donna che sta affrontando sfide di salute legate al sovrappeso. Ma la sua storia non finisce qui. Con l'aiuto di consulenti genetici ed esperti di epigenetica, Isabella sta cercando di capire come i suoi marcatori epigenetici possono essere modificati per supportare la sua lotta contro il sovrappeso. Questa è una prova tangibile di come la comprensione dell'epigenetica può ispirare cambiamenti positivi nella vita di tutti i giorni.

E così, esploratori, queste storie illuminano la danza nascosta tra geni ed epigenetica. Svelano come le scelte di vita, l'ambiente e le esperienze personali possano lasciare un'impronta duratura sui nostri marcatori epigenetici, influenzando il modo in cui i nostri geni si esprimono. Ogni storia è un esempio vivido di come il palcoscenico dell'epigenetica possa trasformarsi in un laboratorio di opportunità, offrendo strumenti per creare cambiamenti positivi e vivere una vita più sana e appagante.

E mentre chiudiamo il sipario su queste storie, ricordiamo che ognuno di noi ha il potere di plasmare la propria danza epigenetica. Le scelte che facciamo, l'attenzione che prestiamo all'ambiente e la consapevolezza di come i nostri marcatori epigenetici rispondono possono guidarci verso un futuro più radioso e armonioso. La danza tra geni ed epigenetica continua, e ognuno di noi è il protagonista di questa stupefacente coreografia della vita.

STORIA 1: I GEMELLI IDENTICI CHE NON SONO PIÙ IDENTICI

Ciao ragazzi e ragazze curiosi! Oggi vi racconterò una storia incredibile su due gemelli identici, Jake e Max. Sì, avete capito bene, gemelli identici! Ma sapete, anche se sembrerebbe che abbiano gli stessi geni e dovrebbero essere esattamente uguali, la realtà è molto più affascinante grazie a un piccolo segreto chiamato epigenetica.

Immaginate Jake e Max come due quadri vuoti, pronti ad essere dipinti. Ogni pennellata rappresenta un'esperienza che vivono. Ora, Jake è un tipo che adora le verdure. Broccoli, carote, insalata - sono i suoi migliori amici. Max, dall'altro lato, è un fan sfegatato di cibo spazzatura. Patatine, hamburger, dolci - sono le sue debolezze. Questi due fratelli gemelli condividono gli stessi geni, ma le loro scelte alimentari stanno iniziando a dipingere i loro quadri in modo diverso.

Qui entra in gioco l'epigenetica, il mago nascosto che decide come i geni vengono espressi. I loro geni non sono solo un insieme di istruzioni statiche, ma sono come una partitura musicale che può essere suonata in modo diverso. Immaginate che le scelte alimentari di Jake abbiano un effetto magico: i suoi geni sono espressi in modo che il suo corpo metabolizzi meglio i nutrienti e tenga sotto controllo i livelli di zucchero nel sangue.

D'altra parte, i desideri di Max per il cibo spazzatura stanno suonando una melodia diversa nei suoi geni. Gli stessi geni potrebbero essere espressi in modo che il suo corpo immagazzini più grasso e possa avere più difficoltà a gestire i nutrienti. È come se stesse dipingendo colori diversi su quello stesso quadro vuoto.

Quindi, vedete, anche se i due gemelli sembrano identici all'esterno, l'epigenetica sta lavorando segretamente nei loro corpi per dare vita a un capolavoro unico. Questa storia ci insegna che le nostre scelte quotidiane, come quello che mangiamo, come ci comportiamo e come ci prendiamo cura del nostro corpo, possono influenzare il modo in cui i nostri geni si esprimono. È un potere magico che ci ricorda quanto siamo speciali e quanto possiamo modellare il nostro destino.

Quindi, la prossima volta che scegliete cosa mangiare per cena, pensate a come steste dando un tocco personale ai vostri geni. Ricordate che siete i maghi della vostra vita, dipingendo il vostro quadro unico con ogni scelta che fate. E chi sa quali altre storie straordinarie l'epigenetica ci riserverà mentre continuiamo a scoprire i suoi segreti affascinanti!

STORIA 2: L'EFFETTO DELLA DIETA SULLA TUA MAPPA EPIGENETICA

Ciao ragazzi e ragazze appassionati di scoperte! Oggi voglio raccontarvi una storia fantastica che coinvolge cibo delizioso e piccoli segreti nascosti all'interno dei nostri corpi. Si tratta di Sofia e Marco, due cugini con gusti alimentari molto diversi.

Sofia è un'amante della natura. Adora le fragole rosse come il fuoco e le insalate verdi come le foglie degli alberi d'estate. La sua tavola è un arcobaleno di frutta e verdura fresca, e questa scelta ha un effetto magico sulla sua mappa epigenetica. Ma cosa è questa "mappa epigenetica"? È un po' come una guida speciale all'interno del suo corpo, che dice ai suoi geni come comportarsi.

Quando Sofia si delizia con i cibi sani, attiva dei piccoli segnali chiamati marcatori epigenetici. Questi segnali dicono ai suoi geni di lavorare in modo che possa gestire meglio i nutrienti. È come se Sofia stesse insegnando ai suoi geni un trucco magico per rimanere in forma e sani. Questo può aiutarla a proteggersi da malattie come il diabete e le malattie cardiache.

E poi c'è Marco, il cugino di Sofia. Ah, Marco! Lui adora i cibi spazzatura. Patatine croccanti, hamburger succulenti e dolci scatenati sono i suoi migliori amici. Ma, come ben sapete, questi cibi non sono proprio "amici" del corpo. Quando Marco si concede queste delizie, sta inviando piccoli segnali diversi ai suoi geni attraverso i marcatori epigenetici.

I geni di Marco potrebbero rispondere in modo diverso rispetto a quelli di Sofia. Gli stessi geni potrebbero essere espressi in modo che il suo corpo accumuli più grasso e abbia una maggiore difficoltà a gestire i nutrienti. È un po' come se i suoi geni stessero chiacchierando e dicendo: "Hey, forse dovremmo prepararci per una quantità abbondante di cibi spazzatura!"

Ma la cosa interessante è che queste storie non sono fisse come una pietra. Sofia e Marco possono fare delle scelte che influenzano le loro mappe epigenetiche. Sofia potrebbe continuare a festeggiare con frutta e verdura e continuare a rendere felici i suoi geni. Marco, d'altra parte, potrebbe scegliere di aggiungere qualche cibo sano alla sua tavola e dare una svolta positiva alla sua mappa epigenetica.

Questa storia ci insegna che le nostre scelte alimentari possono cambiare il modo in cui i nostri geni lavorano e interagiscono con il nostro corpo. È come se fossimo cuochi magici, creando incantesimi che possono proteggerci e mantenerci in salute. Quindi, la prossima volta che mettete qualcosa di delizioso nel vostro piatto, pensate a come state dando un tocco magico alla nostra mappa epigenetica. E ricordate, ogni boccone è un passo verso il vostro benessere magico!

STORIA 3: L'EREDITÀ DELL'ESPERIENZA DEI TUOI GENITORI

Ciao a tutti, avventurieri della conoscenza! Siete pronti per una storia emozionante che vi farà capire quanto siate collegati ai vostri genitori fin dal primo istante della vostra vita? Bene, allora ascoltate attentamente la storia di Alice e della sua incredibile eredità epigenetica!

Iniziamo con Alice, una ragazza speciale con una storia segreta che ha radici molto profonde. Quando la sua mamma era incinta di lei, ha vissuto momenti stressanti. Immaginate, piccole avversità che la vita le ha lanciato. Ma sapete cosa è davvero magico? È che questi momenti hanno lasciato una traccia nei marcatori epigenetici di Alice, anche se lei non era ancora nata!

Che cosa sono questi "marcatori epigenetici", vi chiederete? Beh, sono un po' come piccoli post-it che gli adulti lasciano per i bambini. Nel caso di Alice, questi post-it epigenetici portano informazioni speciali sul modo in cui il suo corpo dovrebbe affrontare lo stress. È come se sua madre le avesse dato un messaggio segreto, un piccolo biglietto che dice: "Cara Alice, quando affronti momenti stressanti, fai così..così..."

Ecco cosa rende la storia di Alice così incredibile: quando cresce e si trova di fronte a situazioni stressanti, come un esame difficile o una situazione nuova, il suo corpo potrebbe reagire in modo diverso da quello dei suoi amici. Potrebbe sentire il battito del cuore accelerare o avere farfalle nello stomaco più spesso. Ecco perché Alice sembra essere un po' più ansiosa di altri.

Ma, attenzione, non è affatto una cosa cattiva! È solo un modo in cui il suo corpo si prepara ad affrontare le sfide, basandosi su quell'antico messaggio epigenetico da sua madre. È come se avesse ricevuto una piccola guida segreta su come navigare attraverso le avventure della vita.

Ecco un segreto per voi: tutti noi abbiamo queste piccole istruzioni epigenetiche che ci sono state trasmesse dai nostri genitori. Queste istruzioni ci aiutano a imparare, a crescere e a diventare le persone che siamo destinati ad essere. Ma, e ora arriva la parte più interessante, il nostro viaggio non finisce qui!

Alice potrebbe un giorno diventare una mamma e passare i suoi segreti epigenetici ai suoi bambini. Questo significa che la sua storia segreta, il suo biglietto speciale per affrontare lo stress, potrebbe essere condiviso con le prossime generazioni. È un po' come passare una fiaccola magica di generazione in generazione.

E quindi, cari curiosi, la prossima volta che sentite il vostro cuore battere un po' più forte o le farfalle nello stomaco agitarsi, pensate a quanto siano speciali i vostri marcatori epigenetici. Pensate a tutte le storie e le avventure che hanno attraversato per arrivare a voi. Siete portatori di segreti antichi, con messaggi che vi aiuteranno a brillare in ogni sfida della vita. È come essere i protagonisti di un romanzo magico, scritto dalle generazioni che vi hanno preceduto.

STORIA 4: LA MUSICA E IL TUO CERVELLO EPIGENETICO

Ciao a tutti, amanti della scoperta e della musica! Oggi vi racconterò una storia affascinante che unisce le note melodiche della musica al mondo segreto dei marcatori epigenetici. Preparatevi a essere affascinati dalla storia di Luca, un ragazzo con una passione ardente per la musica e un cervello che balla al ritmo dell'epigenetica.

Incontra Luca, un giovane musicista che vive per le note e le melodie. Fin da quando era piccolo, è stato rapito dal suono delle chitarre, dei pianoforti e delle voci armoniose. Immaginatevi la sua passione per la musica come una luce brillante nel suo cuore, ma sapete cosa lo rende ancora più speciale? La sua passione potrebbe stuzzicare la sua mappa epigenetica.

E cosa è questa "mappa epigenetica", vi chiederete? Beh, è un po' come una mappa speciale all'interno del cervello, che indica ai suoi geni come comportarsi quando si tratta di suoni e creatività. Mentre Luca sperimenta le gioie della musica, i suoi marcatori epigenetici iniziano a ballare in modo unico, come se la musica stesse scrivendo una melodia segreta nei suoi geni.

Questa melodia epigenetica potrebbe avere un effetto magico. Potrebbe rendere più facile per Luca imparare a suonare strumenti musicali o a capire le complessità delle composizioni. La sua passione potrebbe essere la chiave che sblocca il potenziale nascosto nella sua mappa epigenetica, come una partitura segreta che solo lui può leggere.

Immaginate di essere Luca mentre si esibisce sul palco. Mentre le note danzano nell'aria, i suoi geni potrebbero rispondere in modo unico, trasmettendo segnali al suo cervello che amplificano la sua creatività e la sua connessione con la musica. È come se la sua passione musicale stesse guidando una danza epigenetica, un flusso di informazioni che si intrecciano con la sua esperienza di musicista.

E ora, tenetevi forte, perché questa è la parte davvero straordinaria: Luca potrebbe un giorno passare la sua passione e la sua melodia epigenetica ai suoi figli. Sì, avete capito bene! La musica potrebbe diventare parte del suo patrimonio epigenetico, una melodia ereditaria che unisce le generazioni attraverso il suono e la creatività.

Quindi, cari amanti della musica e dei segreti nascosti, la prossima volta che ascoltate una canzone che vi fa battere il cuore o suonate uno strumento che vi fa sentire vivi, pensate a quanto sia affascinante il legame tra la vostra passione e i vostri geni. Ricordate che siete i direttori d'orchestra delle vostre vite, creando melodie epigenetiche uniche con ogni nota che suonate. Siete i custodi di una canzone segreta, una canzone che unisce passato, presente e futuro in un magnifico concerto di vita.

STORIA 5: L'EPIGENETICA NEL REGNO ANIMALE

Ciao a tutti, esploratori del regno animale! Siete pronti per un viaggio nel mondo affascinante dell'epigenetica, dove anche gli animali danzano al ritmo dei loro segreti genetici? Oggi vi racconterò una storia incredibile che coinvolge creature maestose e un passaporto epigenetico per la sopravvivenza.

Immaginatevi un mondo dove gli elefanti camminano maestosi e liberi. Questi magnifici giganti hanno una storia nascosta nel loro DNA, una storia che va ben oltre le loro tracce pesanti sulla terra. Gli elefanti non sono solo emblemi di forza e nobiltà, ma hanno anche un legame speciale con l'epigenetica.

Sì, avete sentito bene! Gli elefanti, proprio come noi, condividono il segreto dell'epigenetica, quella mappa speciale all'interno dei loro corpi che guida i loro geni. Eccoli in azione: gli elefanti possono trasmettere esperienze attraverso i loro marcatori epigenetici. Ad esempio, alcune ricerche suggeriscono che quando un elefante adulto ha affrontato periodi difficili di scarsità di cibo e ha imparato a sopravvivere, queste abilità potrebbero essere passate ai suoi cuccioli attraverso l'epigenetica.

Immaginate un elefante adulto che ha attraversato tempi di fame. Il suo corpo, esperto di sopravvivenza, potrebbe attivare certi segnali epigenetici che aiutano a regolare il modo in cui il corpo utilizza il cibo in tempi di scarsità. Questi segnali epigenetici, come piccole note musicali, potrebbero essere passati ai cuccioli attraverso i geni, come una guida di sopravvivenza. È come se gli elefanti stessero consegnando ai loro piccoli una preziosa mappa per affrontare le sfide della vita.

Così, quando i cuccioli di elefante nascono, potrebbero avere una sorta di "manuale di sopravvivenza epigenetico" già dentro di loro. Anche se non hanno mai sperimentato la fame, i loro geni potrebbero essere pronti per far fronte a situazioni difficili, proprio come hanno fatto le generazioni precedenti. È come ricevere una guida segreta, una risorsa preziosa che può aiutare i cuccioli a superare ostacoli e a crescere forti e resilienti.

Questa storia ci insegna che l'epigenetica non è solo un fenomeno umano, ma è un legame condiviso tra tutte le creature viventi. Gli elefanti, con le loro storie epigenetiche di sopravvivenza, ci ricordano che ogni essere vivente porta con sé un bagaglio di segreti genetici che si trasmettono attraverso le generazioni. Siamo parte di un meraviglioso concerto di vita, in cui ogni nota epigenetica suona una melodia unica nella sinfonia dell'esistenza. Quindi, care e cari avventurieri del mondo animale, la prossima volta che vedete un elefante elegante e maestoso, pensate a tutte le storie epigenetiche che potrebbe portare con sé. Ricordate che anche nel regno animale, l'epigenetica è un legame che ci unisce, trasmettendo segreti di sopravvivenza che attraversano il tempo. Siamo tutti parte di una grande famiglia epigenetica, danzando al ritmo delle nostre esperienze e delle nostre storie uniche.

STORIA 6: EPIGENETICA E INVECCHIAMENTO

Ciao a tutti, viaggiatori del tempo e amanti della conoscenza! Siete pronti per esplorare il misterioso mondo dell'invecchiamento e dell'epigenetica? Bene, preparatevi a incontrare William, un uomo che ha appena festeggiato il suo sessantesimo compleanno e sta per scoprire il potere nascosto dei suoi marcatori epigenetici.

Immaginatevi William, con la saggezza del tempo che si riflette nei suoi occhi. Ha attraversato molte avventure nella sua vita e ora sta sperimentando un nuovo capitolo: l'invecchiamento. Ma ascoltate bene, perché c'è una storia epigenetica che sta prendendo forma all'interno del suo corpo.

I "marcatori epigenetici" sono come piccoli custodi dei suoi geni, con messaggi segreti su come dovrebbero comportarsi. Con il passare degli anni, alcuni di questi marcatori potrebbero avere segnali legati all'invecchiamento. Ma ora arriva la parte interessante: William non è solo uno spettatore di questa storia epigenetica, ma può anche influenzarla.

Immaginate che William decida di mantenere uno stile di vita attivo e sano. Ogni volta che fa una passeggiata, pratica uno sport o sceglie di mangiare cibi nutrienti, sta inviando messaggi ai suoi marcatori epigenetici. È come se lui stesso stesse scrivendo il capitolo successivo della sua storia genetica. Le sue scelte quotidiane potrebbero influenzare come i suoi geni vengono espressi, come le note di una melodia che lui stesso sta componendo.

Mantenendo uno stile di vita sano, William potrebbe "ringiovanire" il suo profilo epigenetico. Immaginate la sua storia epigenetica come una pittura, dove ogni pennellata rappresenta una scelta positiva per la sua salute. Ogni passeggiata, ogni sorriso, ogni scelta sana è un colpo di pennello che contribuisce a mantenere giovane la sua mappa genetica.

Ma c'è di più. Non solo William sta scrivendo il suo futuro epigenetico, ma potrebbe anche influenzare le generazioni future. Se condivide il suo stile di vita sano con i suoi figli e nipoti, potrebbe passare un messaggio di benessere e longevità attraverso i loro marcatori epigenetici. È come donare loro una chiave per aprire la porta di un invecchiamento più sano e positivo.

Quindi, cari esploratori del tempo e guardiani della salute, la prossima volta che vedete una persona anziana, pensate a tutti i segreti epigenetici che potrebbe custodire. Ricordate che l'invecchiamento non è solo una questione di numeri, ma è una storia epigenetica che possiamo plasmare con le nostre scelte e il nostro amore per uno stile di vita sano. Siamo gli autori della nostra storia genetica, scrivendo pagine di vitalità e benessere attraverso ogni scelta che facciamo. Siete pronti a scrivere la vostra storia epigenetica?

Conclusione: Svelando i Segreti degli Archivi Epigenetici!

Ciao a tutti, viaggiatori curiosi e appassionati dell'affascinante mondo dell'epigenetica! È stato un viaggio incredibile attraverso le storie che intrecciano geni ed epigenetica nella vita di tutti i giorni. Abbiamo esplorato segreti nascosti e legami profondi che ci collegano a chi siamo e a ciò che diventeremo. E ora, mentre ci apprestiamo a concludere questa avventura, riflettiamo su ciò che abbiamo imparato e ciò che ci aspetta nel futuro.

Abbiamo camminato lungo sentieri di storie straordinarie, come quella di Jake e Max, i gemelli identici che sono diventati un po' diversi grazie all'epigenetica. Ci siamo emozionati con la storia di Sofia e della sua mappa epigenetica colorata dalla passione per una dieta sana. Abbiamo incontrato Alice, che porta con sé il segreto dell'eredità epigenetica dei momenti stressanti di sua madre. Abbiamo seguito Luca nella sua avventura musicale, dove le sue melodie influenzano i suoi geni. Ci siamo persi nel regno animale, scoprendo come gli elefanti passino le esperienze di sopravvivenza attraverso l'epigenetica. E abbiamo accompagnato William nell'affascinante viaggio dell'invecchiamento e dell'influenza dei suoi stili di vita sui marcatori epigenetici.

In ogni storia, abbiamo trovato una connessione profonda tra le esperienze e i segreti celati nei nostri marcatori epigenetici. Siamo diventati consapevoli di come le nostre scelte quotidiane, le passioni che coltiviamo e le esperienze che viviamo possano lasciare un'impronta duratura nel nostro DNA. Ogni morsa di cibo, ogni nota musicale, ogni momento di stress si traduce in piccoli cambiamenti nei marcatori epigenetici, che plasmano il modo in cui i nostri geni si esprimono.

Ma questa è solo la punta dell'iceberg! Il futuro ci riserva ancora tante sorprese nel vasto mondo dell'epigenetica. Gli scienziati stanno continuamente esplorando nuove storie, nuove connessioni e nuovi modi per influenzare positivamente il nostro benessere attraverso l'epigenetica. Chissà quali altri segreti e storie ci aspettano lungo il cammino!

Così, cari avventurieri del sapere, vi invito a continuare ad esplorare, a porre domande e a essere curiosi. Ogni passo che facciamo nell'esplorazione dell'epigenetica ci avvicina a una comprensione più profonda di chi siamo e di come possiamo plasmare il nostro destino attraverso scelte consapevoli. Siamo tutti coautori della nostra storia epigenetica, dipingendo una tela unica con ogni esperienza che viviamo.

La prossima volta che gustate un pasto, ascoltate una canzone o semplicemente vivete una nuova avventura, ricordate che state scrivendo una melodia epigenetica dentro di voi. Siete parte di un racconto straordinario, in cui geni ed epigenetica danzano insieme nella sinfonia della vita. Continuate a esplorare, a scoprire e a sognare, perché il mondo dell'epigenetica è un universo in continua espansione, pronto a rivelarci ancora più segreti e meraviglie. Buon viaggio nell'affascinante mondo dell'epigenetica!

Sogni e Sfide: Esploriamo le Applicazioni e le Implicazioni Future della Genetica ed Epigenetica!

Ciao a tutti gli esploratori curiosi! Siamo giunti a un momento emozionante del nostro viaggio, dove esamineremo come la genetica ed epigenetica stanno trasformando il nostro mondo e le nostre vite. Con parole semplici e coinvolgenti, scopriremo le applicazioni strabilianti e le implicazioni affascinanti che queste scienze ci riservano. Preparatevi a immaginare il futuro!

APPLICAZIONE 1: MEDICINA DI PRECISIONE - TRATTAMENTI SU MISURA

Ciao a tutti, avventurieri della conoscenza! Siete pronti per un viaggio affascinante nel mondo della medicina di precisione? Preparatevi a scoprire come la genetica ed epigenetica stanno trasformando il modo in cui i medici curano le malattie e migliorano la nostra salute in modo personalizzato.

Immaginatevi un medico che vi conosce così bene da poter creare un piano di trattamento su misura per voi. Questo non è solo un sogno, ma una realtà che sta emergendo grazie alla medicina di precisione. Si tratta di un approccio rivoluzionario che utilizza informazioni dai vostri geni e marcatori epigenetici per progettare trattamenti che si adattino perfettamente alle vostre esigenze.

Ma cosa significa "medicina di precisione"? È come avere un sarto esperto che crea un abito su misura appositamente per voi. Nel caso della medicina di precisione, il "tessuto" da cui prendiamo le misure è il vostro DNA e il profilo epigenetico, che è una sorta di guida dettagliata delle vostre esperienze di vita.

Immaginate che il vostro DNA sia un codice segreto che contiene le istruzioni per il funzionamento del vostro corpo. Queste istruzioni possono rivelare molte cose, inclusa la vostra predisposizione a determinate malattie. Ma qui entra in gioco anche l'epigenetica, che è come una mano invisibile che modifica il codice del vostro DNA in base alle esperienze che avete vissuto.

Quando si tratta di medicina di precisione, i medici analizzano il vostro DNA e i vostri marcatori epigenetici per capire cosa potreste affrontare in futuro. Ad esempio, potrebbero individuare una predisposizione genetica a un certo tipo di cancro o diabete. Questo non significa che svilupperete sicuramente la malattia, ma che avete una maggiore probabilità rispetto ad altre persone.

E ora ecco la parte davvero interessante: i medici possono creare un piano di trattamento che si adatta alle vostre esigenze specifiche. Immaginate di avere una mappa personalizzata che vi guida attraverso il percorso della guarigione. Questo potrebbe includere farmaci specifici, terapie mirate e cambiamenti nello stile di vita che potrebbero ridurre il rischio di sviluppare la malattia.

Ma non è tutto. La medicina di precisione potrebbe anche aiutare a ridurre gli effetti collaterali dei trattamenti. Immaginate di ricevere un farmaco che è stato creato appositamente per il vostro profilo genetico ed epigenetico. Questo significa che il trattamento potrebbe essere più efficace e meno dannoso per il vostro corpo.

Ecco un esempio concreto: immaginate che abbiate una predisposizione genetica a una certa reazione allergica ai farmaci. Un medico esperto potrebbe adattare il trattamento in modo da evitare farmaci che potrebbero scatenare questa reazione. In questo modo, otterreste il massimo beneficio dalla terapia senza rischiare gravi effetti collaterali.

Insomma, la medicina di precisione sta aprendo nuove strade nell'arte della cura della salute. È come se ogni individuo avesse il suo "manuale di istruzioni" personalizzato per la salute. Ma ricordate, la medicina di precisione non riguarda solo la malattia; può anche aiutarci a mantenere uno stato di salute ottimale. Immaginate di ricevere consigli specifici su come mantenere il vostro cuore sano in base al vostro DNA e alla vostra storia epigenetica.

In conclusione, cari esploratori della salute, la medicina di precisione è una via straordinaria che si apre davanti a noi. È come un viaggio personalizzato verso il benessere, basato sulle tracce nascoste nei nostri geni ed epigenetica. Ciò che rende tutto questo ancora più emozionante è che il campo è in continua evoluzione. Nuove scoperte e tecnologie ci aspettano lungo la strada, aprendo la porta a trattamenti ancora più efficaci e personalizzati. Quindi, preparatevi a un futuro in cui la medicina sarà su misura per ciascuno di noi, grazie a questa danza intricata tra geni ed epigenetica. Siete pronti a essere i protagonisti di una rivoluzione nella cura della salute?

APPLICAZIONE 2: AGRICOLTURA AVANZATA - PIANTE ULTRARESISTENTI

Ehi, esploratori della natura! Siete pronti a scoprire un lato incredibile delle piante che forse non avete mai immaginato? Sì, avete sentito bene, stiamo per parlare delle piante e della loro affascinante relazione con l'epigenetica. Preparatevi a essere stupiti dalla straordinaria storia di come gli scienziati stanno cercando di utilizzare queste scoperte per trasformare il nostro pianeta e migliorare il nostro futuro.

Avete mai pensato alle piante come a esseri viventi che possono essere influenzati dalla loro esperienza di vita? Ebbene, esattamente come noi esseri umani, le piante sono coinvolte in un balletto intricato tra i loro geni e l'epigenetica. Questo significa che le piante non sono semplicemente verdi decorazioni nel nostro ambiente, ma organismi complessi che possono rispondere attivamente alle sfide della loro vita.

Immaginatevi una pianta che cresce in un ambiente difficile, come un terreno povero di nutrienti o un clima estremamente caldo. La pianta non può semplicemente scappare da questi ostacoli, quindi deve trovare un modo per sopravvivere e prosperare. Ed è qui che entra in gioco l'epigenetica.

L'epigenetica nelle piante funziona in modo simile a come abbiamo visto nei nostri esempi precedenti. Le esperienze della pianta, come la disponibilità di nutrienti o le sfide climatiche, possono influenzare i marcatori epigenetici nel suo DNA. Questi cambiamenti epigenetici possono attivare o disattivare determinati geni, permettendo alla pianta di adattarsi meglio all'ambiente in cui cresce.

Ma qual è il vantaggio di tutto ciò? Immaginate una pianta che sviluppa una resistenza straordinaria alle malattie che potrebbero attaccarla. Gli scienziati stanno cercando di capire come manipolare l'epigenetica delle piante per rendere questa visione una realtà. Creare piante più resistenti alle malattie significherebbe meno bisogno di pesticidi dannosi per l'ambiente e per la nostra salute.

Ma le piante epigeneticamente potenziate non si fermano qui. Gli scienziati stanno cercando anche di sviluppare piante che possono sopravvivere meglio in climi estremi. Immaginate piante che crescono in terreni aridi o che resistono a ondate di calore devastanti. Questo potrebbe contribuire a contrastare gli effetti dei cambiamenti climatici, proteggendo le colture e la nostra sicurezza alimentare.

E non finisce qui. Gli scienziati stanno esplorando come influenzare l'epigenetica delle piante per aumentare il contenuto nutrizionale dei cibi che producono. Immaginate frutta e verdura che sono più ricche di vitamine, minerali e antiossidanti essenziali per la nostra salute. Questo potrebbe avere un impatto significativo sulla nostra dieta e sulla lotta contro problemi di salute legati alla malnutrizione.

Ma come si fa tutto questo? Gli scienziati stanno usando un'ampia gamma di strumenti e tecniche per manipolare l'epigenetica delle piante. Questi includono l'uso di sostanze chimiche che possono modificare i marcatori epigenetici, nonché l'utilizzo di nuove tecnologie di editing genetico. Tuttavia, è importante notare che mentre queste scoperte promettenti aprono nuove possibilità, è necessario condurre ricerche approfondite per comprendere appieno gli effetti a lungo termine di queste manipolazioni.

In conclusione, draghi verdi e dame fiorite, le piante non sono solo un bellissimo sfondo per la nostra vita, ma giocano un ruolo cruciale nel mantenere l'equilibrio dell'ecosistema terrestre. Gli scienziati stanno usando la conoscenza dell'epigenetica per potenziare le piante e renderle più resilienti alle sfide che il nostro pianeta affronta. Immaginate un mondo in cui le colture sono più forti, resistenti alle malattie e in grado di sfidare il clima mutevole. Questo non solo potrebbe aiutarci a nutrire meglio il nostro pianeta, ma potrebbe anche farci avanzare nella lotta contro i cambiamenti climatici. Sì, è davvero possibile immaginare un futuro in cui le piante, grazie all'epigenetica, siano i veri supereroi del nostro pianeta. Quindi, sognate in grande e pensate a tutte le possibilità straordinarie che queste piccole meraviglie verdi potrebbero portare nel nostro mondo!

APPLICAZIONE 3: PSICOLOGIA DEL FUTURO - CAPIRE LA MENTE UMANA

Ciao a tutti, esploratori della mente e appassionati di psicologia! Siete pronti per un'avventura emozionante nel mondo dei pensieri, dei sentimenti e dei misteri della mente umana? Oggi, ci immergeremo in un viaggio affascinante attraverso la psicologia del futuro, esplorando come la genetica ed epigenetica stanno aprendo nuove porte alla comprensione della mente umana e al miglioramento del benessere mentale.

Siamo sempre stati affascinati dalla complessità della mente umana, dal modo in cui pensiamo, sentiamo e ci comportiamo. Ecco dove entra in gioco la genetica ed epigenetica, offrendoci uno sguardo al di là della superficie e rivelando straordinarie connessioni tra il nostro patrimonio genetico e la nostra esperienza di vita.

Immaginate di possedere una mappa segreta della vostra mente, un manuale di istruzioni che riveli perché siamo inclini a determinati comportamenti o perché affrontiamo sfide come l'ansia o la depressione. Bene, la genetica ed epigenetica stanno contribuendo a creare questa mappa, aprendo la porta a nuove scoperte nella psicologia.

Quando parliamo di genetica, ci riferiamo al DNA che ereditiamo dai nostri genitori. Questo DNA contiene informazioni che possono influenzare i nostri tratti fisici e, sorprendentemente, anche i nostri tratti mentali. Ad esempio, potreste aver ereditato una predisposizione genetica a essere più suscettibili all'ansia o alla depressione. Ma qui arriva l'aspetto davvero interessante: l'epigenetica.

L'epigenetica è come il direttore d'orchestra della vostra mente, influenzando quali geni vengono attivati o disattivati in risposta alle esperienze che vivete. Questo significa che il vostro ambiente, le vostre relazioni e le vostre esperienze di vita possono lasciare un'impronta duratura sulla vostra mente attraverso i marcatori epigenetici. Ad esempio, un'esperienza traumatica potrebbe influenzare l'espressione dei vostri geni in modo tale da aumentare la probabilità di sviluppare disturbi mentali.

Gli scienziati stanno dedicando sforzi straordinari a esplorare come i marcatori epigenetici possano influenzare la nostra salute mentale. Immaginate di avere un quadro più chiaro di come l'ansia e la depressione si manifestano a livello genetico ed epigenetico. Questo potrebbe aprire nuove vie per trattare queste condizioni, personalizzando le terapie in base ai marcatori epigenetici di ciascun individuo.

E qui entra in scena la psicologia del futuro: con una comprensione più profonda di come i marcatori epigenetici influenzano la salute mentale, gli approcci alla terapia potrebbero diventare più mirati ed efficaci. Immaginate di ricevere un piano di trattamento personalizzato per affrontare l'ansia o la depressione, che tiene conto non solo della vostra storia personale, ma anche dei segni nascosti nei vostri marcatori epigenetici.

Ma c'è di più. Queste scoperte potrebbero anche rivoluzionare il modo in cui affrontiamo il benessere mentale in generale. Immaginate di ricevere consigli basati sul vostro DNA ed epigenetica su come gestire lo stress, migliorare la resilienza emotiva e promuovere il benessere psicologico.

Ovviamente, è importante sottolineare che la mente umana è un intricato labirinto di connessioni e influenze, e la genetica ed epigenetica rappresentano solo una parte della storia. Ma queste scoperte stanno aprendo nuove porte alla ricerca e alla cura della salute mentale, portandoci un passo più vicino a comprendere i meccanismi nascosti dei nostri pensieri e delle nostre emozioni.

In conclusione, cari amanti della mente e della psicologia, il futuro della psicologia è qui e sta evolvendo grazie alla genetica ed epigenetica. Siamo in procinto di scoprire nuove prospettive sulla nostra mente, illuminando angoli oscuri e rivelando connessioni profonde tra geni, epigenetica e benessere mentale. Immaginate un mondo in cui la terapia è su misura per la vostra mente unica, in cui possiamo affrontare le sfide mentali con una comprensione più profonda e personalizzata. Il futuro è brillante e pieno di possibilità, poiché siamo in prima linea nel tentativo di svelare i segreti della mente umana. Siete pronti a intraprendere questo viaggio straordinario?

Applicazione 4: Riproduzione Assistita - Scegliere i Tuoi Geni?

Cari esploratori della vita e della genetica, benvenuti in un mondo in cui le possibilità della scienza si intrecciano con le domande più profonde sull'etica e sulla nostra capacità di plasmare il futuro. Oggi, ci addentriamo in un argomento che suscita riflessioni profonde e dibattiti animati: la riproduzione assistita e la possibilità di scegliere i geni dei nostri futuri figli.

Immaginate di avere la possibilità di personalizzare alcune caratteristiche dei vostri bambini, come il colore degli occhi, l'altezza o persino la predisposizione a determinate malattie ereditarie. Questo potrebbe sembrare tratto da un racconto di fantascienza, ma la genetica sta aprendo la strada a opportunità che fino a poco tempo fa sembravano inimmaginabili.

La riproduzione assistita è un campo che offre soluzioni a coppie e individui che affrontano sfide nel concepimento. Tecniche come la fecondazione in vitro e la selezione del sesso sono diventate parte integrante del percorso verso la congenialità genitoriale per molte persone. Ma ora, la genetica ci sta presentando un bivio etico e scientifico: fino a che punto possiamo o dovremmo intervenire nei geni dei nostri futuri figli?

Gli sviluppi nella tecnologia genetica ci stanno portando sempre più vicini all'idea di "designer babies", bambini progettati su misura con caratteristiche selezionate dai loro genitori. Ad esempio, potreste immaginare di eliminare il rischio di malattie ereditarie gravi dal corredo genetico dei vostri figli. Questo potrebbe sembrare un'opportunità straordinaria, ma solleva anche domande profonde sulla responsabilità e sull'etica.

Da una parte, avere la capacità di prevenire malattie genetiche e migliorare la salute dei nostri figli sembra un passo avanti. D'altra parte, questo solleva preoccupazioni sull'ingegneria genetica e sulla possibilità di creare un divario tra coloro che possono permettersi di manipolare i geni dei loro figli e coloro che non possono. Inoltre, ciò potrebbe influenzare la diversità genetica e portare a conseguenze impreviste a lungo termine per le future generazioni.

Ma le questioni etiche non si fermano qui. Immaginate di poter selezionare tratti come l'intelligenza, la bellezza o il talento musicale nei vostri figli. Questo solleva il dilemma fondamentale: fino a che punto possiamo intervenire nell'eredità genetica al fine di soddisfare le nostre aspettative e desideri? E cosa significa per la natura unica e casuale dell'evoluzione umana?

Questi dibattiti etici si intrecciano con sfide scientifiche complesse. La genetica è ancora una scienza in evoluzione, e comprendere completamente l'interazione tra geni e tratti complessi come l'intelligenza o la personalità è un'impresa ardua. Inoltre, c'è il rischio che l'intervento genetico possa avere effetti imprevisti e non intenzionali sulle future generazioni.

Tuttavia, è importante notare che non stiamo solo affrontando un dilemma scientifico ed etico, ma stiamo anche interrogando la nostra concezione di umanità stessa. La varietà genetica e la diversità sono state fondamentali nell'evoluzione umana, portandoci a una vasta gamma di talenti, tratti e adattamenti. L'idea di progettare i nostri figli può minacciare questa ricchezza.

In conclusione, cari pensatori e sognatori del futuro, ci troviamo di fronte a un bivio che richiede un equilibrio delicato tra scienza, etica e umanità. La possibilità di scegliere i geni dei nostri futuri figli apre una serie di porte, alcune delle quali ci conducono a strade promettenti e altre a territori sconosciuti e complessi. È un'opportunità che ci pone sfide profonde e domande senza risposte facili. Mentre ci avviciniamo al futuro, dobbiamo affrontare queste questioni con saggezza, compassione e un profondo rispetto per la natura umana e l'evoluzione che ci ha portato qui. Siamo chiamati a riflettere sulla responsabilità di modellare il nostro futuro genetico e sulla necessità di mantenere il tessuto unico e prezioso della nostra diversità. Siete pronti a un viaggio nel cuore dell'etica e della scienza che plasmeranno il destino delle prossime generazioni?

IMPLICAZIONE 1: RESPONSABILITÀ PERSONALE - L'INFLUENZA DELLE SCELTE DI VITA

Cari esploratori del potere nascosto nei nostri geni ed epigenetica, oggi ci troviamo di fronte a una rivelazione sorprendente e potente: le nostre scelte di vita possono influenzare il nostro benessere in modi che mai avremmo immaginato. Questo è un potere straordinario, una chiave d'accesso al nostro futuro, e ci pone al centro di un'enorme opportunità di autodeterminazione. Immaginate di essere i capitani delle vostre navi, i guardiani dei vostri destini, i costruttori delle vostre storie epigenetiche. La genetica ed epigenetica ci rivelano che non siamo meri spettatori della nostra eredità genetica; siamo partecipi attivi, capaci di influenzare il modo in cui i nostri geni si esprimono. Questa scoperta non solo apre le porte a nuove possibilità di miglioramento del benessere, ma ci dà anche il potere di affrontare sfide e prevenire malattie attraverso scelte consapevoli. La dieta, ad esempio, non è solo una questione di saziare la fame, ma una chiave per modulare il nostro corredo genetico. Immaginate di scegliere cibi ricchi di nutrienti che possono attivare i geni responsabili della salute e della longevità. Conoscere il potenziale delle vostre scelte alimentari potrebbe trasformare il vostro piatto in una tavolozza epigenetica, colorando il vostro DNA con una gamma di opportunità di salute.

L'attività fisica, poi, diventa un'ancora ancor più solida nella nostra ricerca di benessere. Immaginate di partecipare a una danza con i vostri geni, stimolando quelli che promuovono la forza, la vitalità e la resilienza. L'attività fisica non è solo un allenamento per il corpo, ma anche una palestra per i vostri geni, dove potete costruire la vostra forza interiore e la vostra salute duratura.

E lo stile di vita nel suo insieme diventa un'opportunità di plasmare il nostro destino epigenetico. Immaginate di ridurre lo stress, coltivare relazioni significative e trovare momenti di gioia e serenità. Questi momenti potrebbero non solo influenzare positivamente il vostro stato d'animo, ma anche lasciare un'impronta duratura nel vostro DNA. È come se ogni scelta di benessere che fate fosse un pennello che dipinge la vostra storia epigenetica.

Tuttavia, questo potere porta anche una responsabilità. Immaginate di possedere uno strumento così potente, ma di non utilizzarlo pienamente. Le scelte che facciamo ogni giorno non sono solo per il nostro benessere personale, ma hanno il potenziale di plasmare il destino delle future generazioni. Le nostre scelte possono creare un'onda che si propaga attraverso il tempo, influenzando le storie epigenetiche di coloro che verranno dopo di noi.

Ma ciò che rende tutto ciò ancora più affascinante è che siamo ancora agli inizi di questa scoperta. La genetica ed epigenetica sono campi in evoluzione, con molte domande senza risposta e nuovi orizzonti da esplorare. Immaginate di essere all'inizio di una strada che si snoda attraverso il territorio inesplorato delle possibilità genetiche. Ogni passo che facciamo, ogni scelta che facciamo, ci avvicina a una comprensione più profonda di come possiamo utilizzare questo potere per il bene nostro e delle generazioni future.

In conclusione, cari esploratori del nostro potenziale genetico ed epigenetico, siamo custodi di un segreto straordinario e di un potere senza pari. Le nostre scelte di vita possono plasmare il nostro benessere, influenzando il modo in cui i nostri geni danzano e si esprimono. Ogni boccone di cibo nutriente, ogni passo che facciamo, ogni momento di gioia o serenità lascia un'impronta epigenetica inestimabile. Siamo chiamati a navigare questo viaggio con consapevolezza e rispetto per il nostro potere di creare cambiamenti positivi. Siamo i protagonisti di una storia epigenetica senza precedenti, e il futuro è un tavolo imbandito di opportunità. Siate pronti a fare scelte consapevoli che danzeranno attraverso i vostri geni e oltre, plasmando un futuro di salute e benessere.

IMPLICAZIONE 2: QUESTIONE ETICA - GIOCARE CON I GENI

Carissimi amanti della conoscenza e dell'innovazione, oggi ci immergiamo in un dibattito profondo e cruciale, una discussione che attraversa le frontiere tra scienza, etica e società: la possibilità di modificare i geni umani e influenzare l'epigenetica. Questo è un terreno straordinariamente promettente e allo stesso tempo intriso di sfide complesse e questioni etiche fondamentali che richiedono attenzione e riflessione approfondite.

Fin dai tempi antichi, l'essere umano ha cercato di comprendere e manipolare il mondo intorno a sé. Oggi, con i rapidi progressi nella genetica ed epigenetica, siamo di fronte a una nuova frontiera: quella di poter modulare i nostri geni e influenzare il modo in cui si esprimono attraverso l'epigenetica. Questo potrebbe aprire porte inimmaginabili per affrontare malattie genetiche ereditarie, migliorare la salute e persino modellare le future generazioni.

Tuttavia, con questo grande potere emergono anche importanti responsabilità etiche. Dobbiamo ponderare la giustizia e l'equità di queste modifiche genetiche, considerando i loro effetti a lungo termine su individui, famiglie e intere popolazioni. Immaginate di poter selezionare il colore degli occhi o altre caratteristiche dei vostri futuri figli. Questa opportunità solleva domande fondamentali: fino a che punto possiamo e dovremmo intervenire nei processi naturali del corpo umano? Quanto possiamo controllare il destino delle prossime generazioni?

C'è una linea sottile tra la cura e la correzione, tra l'uso responsabile delle scoperte genetiche ed epigenetiche e l'alterazione eugenetica. Sebbene possiamo aspirare a eliminare malattie genetiche debilitanti, dovremmo anche riflettere su quanto possiamo spingerci nella selezione delle caratteristiche "desiderabili". Questo solleva preoccupazioni sulle implicazioni sociali ed etiche della creazione di "designer babies", bambini progettati per rispondere a specifici criteri di bellezza, intelligenza o altre qualità percepite come desiderabili.

La questione dell'equità è altrettanto preoccupante. Se solo alcune fasce della società possono permettersi di apportare queste modifiche genetiche, si accentuerebbe la divisione tra i ricchi e i poveri, creando disuguaglianze genetiche che potrebbero avere impatti duraturi. Inoltre, il processo di modifica genetica potrebbe non essere privo di rischi e effetti collaterali ancora sconosciuti. Chi dovrebbe assumersi la responsabilità di prendere decisioni su queste questioni cruciali?

La sfida è ancora più complessa quando consideriamo che le modifiche genetiche influiscono sulla linea temporale delle generazioni future. Le nostre scelte potrebbero avere effetti che si propagano attraverso il tempo, creando un'eredità genetica che è il risultato di scelte compiute da noi o dai nostri antenati. Questo sottolinea la necessità di una riflessione profonda e di una visione a lungo termine sulla nostra capacità di modellare il futuro.

La responsabilità di guidare questa discussione non è solo dei ricercatori e degli scienziati, ma di tutta la società. Dobbiamo coinvolgere etici, giuristi, filosofi, leader comunitari e cittadini nel dibattito su quale direzione prendere. Una decisione tanto cruciale richiede un approccio multidisciplinare, tenendo conto non solo delle possibilità scientifiche, ma anche delle implicazioni morali, sociali e culturali.

In conclusione, ci troviamo a un bivio affascinante e complesso. Le scoperte in genetica ed epigenetica ci stanno regalando un potere straordinario di influenzare i nostri geni e il nostro futuro. Tuttavia, con questo potere emergono questioni etiche importanti che richiedono un dialogo aperto, una riflessione ponderata e una visione a lungo termine. La nostra società è chiamata a navigare questa sfida con saggezza e compassione, bilanciando l'innovazione con l'etica, per costruire un futuro in cui il progresso scientifico vada di pari passo con il rispetto per la dignità umana e la giustizia sociale. Siamo i custodi di questa possibilità straordinaria, e la direzione che prendiamo definirà il corso delle generazioni future.

Implicazione 3: La Privacy dei Dati Genetici - Chi Possiede i Tuoi Geni?

Cari esploratori della conoscenza e dell'etica, oggi affrontiamo una questione di cruciale rilevanza nell'era dell'informazione genetica: la privacy e la gestione dei dati genetici personali. Viviamo in un'epoca in cui la nostra comprensione della genetica ed epigenetica è in continua crescita, aprendo la strada a scoperte straordinarie e applicazioni che possono trasformare la medicina, la scienza e la società nel loro complesso. Tuttavia, questa straordinaria promessa è accompagnata da preoccupazioni profonde riguardo alla protezione dei nostri dati genetici e alla gestione delle informazioni che rivelano.

Immaginate un mondo in cui i vostri dati genetici possono essere analizzati per rivelare non solo la vostra predisposizione a malattie ereditarie, ma anche il vostro patrimonio genetico, l'origine geografica delle vostre radici, e persino alcune caratteristiche personali come il colore degli occhi o la sensibilità al caffè. Queste informazioni sono preziose e possono fornire conoscenze profonde su di noi stessi, ma sollevano interrogativi essenziali sulla privacy e la sicurezza dei dati.

La sfida principale è che i dati genetici sono estremamente personali e unici. Rivelano informazioni intime sulla nostra biologia, salute e identità. Questo li rende particolarmente sensibili e suscettibili di essere utilizzati in modi che possono influenzare profondamente la nostra vita, sia in modo positivo che negativo. Ad esempio, un'assicurazione potrebbe voler accedere ai tuoi dati genetici per valutare il rischio di future malattie, influenzando le tue tariffe.

La diffusione di test genetici direttamente accessibili ai consumatori, che promettono di svelare l'ancestrale origine e la predisposizione a malattie, ha portato a un'enorme quantità di dati genetici in circolazione. Questi dati sono diventati preziosi per la ricerca medica e scientifica, ma anche per aziende private che vogliono utilizzarli per sviluppare farmaci o servizi personalizzati. Tuttavia, la raccolta e la condivisione di dati genetici comportano rischi significativi di violazioni della privacy e potenziale abuso.

Un importante punto di discussione è chi ha accesso ai nostri dati genetici e come vengono utilizzati. Le aziende che offrono test genetici possono accumulare enormi database di dati genetici personali, che potrebbero essere venduti o condivisi con terze parti, comprese aziende farmaceutiche o di ricerca. Questo solleva domande su quale controllo dovremmo avere sulle nostre informazioni e su come possiamo evitare che queste cadano nelle mani sbagliate.

Inoltre, la questione della consentire o meno l'accesso alle informazioni genetiche ai datori di lavoro, alle compagnie assicurative o persino alle forze dell'ordine è un territorio eticamente complesso. Se le aziende assicurative possono utilizzare i dati genetici per determinare le tariffe assicurative, questo potrebbe creare un rischio di discriminazione contro coloro che sono predisposti geneticamente a malattie. E se i datori di lavoro possono utilizzare queste informazioni per prendere decisioni sull'impiego, ciò potrebbe influenzare le opportunità lavorative e le carriere delle persone.

La risposta a questa sfida sta nell'implementazione di regolamentazioni adeguate e discussioni globali. È essenziale creare norme e leggi che proteggano la privacy dei dati genetici e garantiscono il consenso informato dei singoli prima che i loro dati siano raccolti, condivisi o utilizzati. La trasparenza e la chiarezza sul modo in cui i dati genetici vengono gestiti e condivisi sono fondamentali per consentire alle persone di prendere decisioni informate sulla loro partecipazione ai test genetici e sulla condivisione dei loro dati.

Inoltre, la cooperazione internazionale è cruciale. Poiché i dati genetici possono attraversare le frontiere, è importante stabilire standard globali per la protezione della privacy e l'uso etico dei dati genetici. Le organizzazioni internazionali, i governi e la società civile devono collaborare per creare linee guida comuni che assicurino che le informazioni genetiche vengano gestite in modo responsabile e con rispetto per i diritti individuali.

In conclusione, mentre esploriamo le profondità della genetica ed epigenetica, dobbiamo tener presente che il progresso scientifico porta con sé importanti responsabilità etiche. La protezione della privacy dei dati genetici è una sfida che richiede attenzione e regolamentazione. Dobbiamo garantire che le persone abbiano il controllo sulle proprie informazioni genetiche e che il loro utilizzo sia guidato da principi etici che rispettano la dignità umana e l'equità. È una conversazione che coinvolge scienziati, regolatori, legislatori e tutti noi come cittadini. Siamo chiamati a garantire che il progresso scientifico sia allineato con i valori fondamentali dell'umanità mentre cerchiamo di comprendere i segreti nascosti nel nostro codice genetico.

Implicazione 4: L'Umanità Cambiante - Come Sarà il Futuro?

Cari avventurieri nel regno della conoscenza, oggi ci addentriamo in un territorio straordinario e allo stesso tempo carico di complessità: immaginate un mondo in cui possiamo influenzare i geni e i marcatori epigenetici delle prossime generazioni. Questa prospettiva, che potrebbe sembrare tratta da un racconto di fantascienza, sta guadagnando terreno grazie ai progressi della genetica e dell'epigenetica. Tuttavia, dietro a questa possibilità affascinante si aprono porte a questioni profonde, sfide etiche e riflessioni su come plasmare il futuro dell'umanità.

Immaginiamo per un istante che siamo in grado di intervenire nei geni delle prossime generazioni. Questo potrebbe significare, ad esempio, la capacità di eliminare predisposizioni genetiche a malattie ereditarie, migliorare le capacità cognitive o addirittura influenzare aspetti fisici come l'aspetto o il colore degli occhi. In un mondo del genere, potremmo avere un ruolo attivo nell'indirizzare l'evoluzione umana, andando oltre il corso naturale delle cose.

Questa possibilità suscita emozioni contrastanti. Da un lato, c'è l'entusiasmo per il potenziale di creare una generazione futura più sana, più forte e con maggiori opportunità. Immaginate un mondo in cui le malattie ereditarie siano scomparse e dove ciascun individuo possa godere di una vita più lunga e piena. Questo è il sogno di molti, un futuro in cui la sofferenza umana sia ridotta al minimo grazie alla manipolazione dei geni.

D'altro canto, questa prospettiva apre la strada a complessi dilemmi etici e morali. La possibilità di "progettare" i nostri discendenti solleva questioni fondamentali sulla libertà individuale, l'identità e la diversità umana. Cosa accadrebbe se iniziassimo a determinare quali caratteristiche sono considerate desiderabili? Ci troveremmo forse in un mondo in cui la diversità naturale e l'unicità di ciascun individuo siano messe in discussione.

Inoltre, l'accesso a queste tecnologie potrebbe non essere equamente distribuito. Ciò potrebbe portare a una divisione sempre più profonda tra coloro che possono permettersi di apportare modifiche genetiche e coloro che non possono. Si potrebbe creare una nuova forma di disuguaglianza, in cui la "designer Evolution" è riservata a pochi privilegiati. Questo potrebbe minare i valori di giustizia sociale e uguaglianza che molte società cercano di promuovere.

Le implicazioni culturali sono altrettanto rilevanti. Le caratteristiche genetiche spesso sono legate alle identità culturali e alla storia di una comunità. Se iniziamo a manipolare i geni, potremmo alterare profondamente queste connessioni. Ciò potrebbe sollevare domande su quale sia il vero significato di appartenenza a una comunità e quale ruolo svolgono le radici culturali nella definizione di chi siamo.

Quindi, come sarà l'umanità di domani se potremo influenzare i geni e l'epigenetica delle future generazioni? La risposta non è semplice e dipenderà da come affronteremo queste sfide. Ci troviamo a un bivio, dove il progresso scientifico si intreccia con questioni etiche, culturali e sociali di vasta portata. Sarà fondamentale coinvolgere scienziati, etici, leader politici e la società nel suo complesso in un dibattito approfondito e aperto.

In conclusione, mentre ci affacciamo a un possibile futuro in cui possiamo modulare i geni e l'epigenetica delle prossime generazioni, dobbiamo considerare non solo le potenziali conquiste ma anche le sfide che ci attendono. Dovremo navigare tra desideri di miglioramento, preservazione delle diversità e tutela dei valori umani fondamentali. Sarà un viaggio complesso, che richiederà saggezza, responsabilità e una profonda comprensione delle conseguenze delle nostre azioni. Sta a noi come specie decidere quale strada intraprendere, mantenendo sempre al centro il rispetto per la dignità umana, la cooperazione e l'armonia con il nostro pianeta.

CONCLUSIONE: UN MONDO DI OPPORTUNITÀ E RIFLESSIONI PROFONDE

Carissimi sognatori, è stato un viaggio straordinario attraverso il mondo affascinante della genetica ed epigenetica. Abbiamo scoperto come queste forze invisibili possano influenzare la nostra vita, aprendo le porte a nuove frontiere di conoscenza, potenziale e responsabilità. Ora, mentre ci prepariamo a concludere questa avventura, riflettiamo su tutto ciò che abbiamo esplorato e su come potrebbe plasmare il nostro futuro.

Abbiamo aperto la finestra sulla medicina di precisione, un'arte rivoluzionaria che utilizza i dettagli del nostro DNA e dei marcatori epigenetici per creare trattamenti su misura. Immaginate un medico che conosce ogni sfumatura del vostro corpo, guidandovi verso una salute ottimale. Questa visione non è più un sogno lontano, ma una realtà in rapida evoluzione. I vostri geni diventano la mappa di un viaggio personalizzato verso il benessere, rendendo possibile una cura più efficace e meno invasiva. Eppure, come ogni nuova scoperta, questa medicina su misura porta con sé sfide etiche e sociali. Dobbiamo chiederci quanto sia giusto influenzare così profondamente la nostra biologia e come bilanciare il potenziale beneficio con la preservazione dell'essenza umana.

Poi ci siamo immersi nel mondo delle piante, scoprendo che anche loro sono influenzate dall'epigenetica. Gli scienziati stanno cercando di usare questa conoscenza per sviluppare piante più resistenti e nutrienti, una risposta alle sfide dei cambiamenti climatici e della sicurezza alimentare. Immaginate campi coltivati da piante che sfidano le avversità, fornendo cibo abbondante e sostenibile per il nostro pianeta. Questo ci ricorda che la genetica ed epigenetica non conoscono confini tra il mondo animale e vegetale, legandoci a una intricata comunanza di vita.

E cosa dire delle riflessioni profonde sulla manipolazione dei geni nelle future generazioni? Abbiamo esplorato un mondo in cui la scienza ci offre il potere di "scegliere" caratteristiche genetiche dei nostri figli, ma anche un mondo in cui dobbiamo affrontare dilemmi etici e morali. Questo viaggio nel campo della riproduzione assistita ci ricorda che il progresso scientifico può spalancare le porte a un nuovo livello di controllo sulla vita, ma richiede una profonda riflessione su quanto sia giusto e responsabile intervenire nella creazione di esseri umani.

E cosa dire delle scoperte che collegano la genetica ed epigenetica alla psicologia umana? Gli scienziati stanno esaminando come i marcatori epigenetici possano influenzare le condizioni mentali come la depressione e l'ansia. Questo ci offre una luce nuova sulla complessità della mente umana, collegando il nostro benessere fisico alla nostra salute mentale. Queste scoperte ci sfidano a considerare quanto le nostre esperienze di vita possano influenzare il nostro cervello, aprendo porte a nuovi approcci per la salute mentale e al benessere.

Ma mentre esploriamo queste possibilità, dobbiamo affrontare la sfida della privacy. I nostri dati genetici sono come un libro aperto sulla nostra vita, rivelando dettagli su salute, origini e altro ancora. È essenziale che si consideri chi ha accesso a queste informazioni, a tutela della nostra privacy e come i nostri dati vengono utilizzati. Questa riflessione ci conduce verso una discussione globale sulla regolamentazione e la protezione dei dati genetici, una conversazione che coinvolge scienziati, legislatori e tutta la società.

E così, cari sognatori, abbiamo toccato le stelle mentre esploravamo le profondità della genetica ed epigenetica. Abbiamo svelato il potere che queste forze hanno nelle nostre vite, aprendo le porte a un mondo di possibilità e speranze. Ogni volta che osservate una pianta o fate una scelta, ricordate che ciò che facciamo oggi può influenzare il nostro destino e quello delle prossime generazioni. Siamo i custodi di questa conoscenza, i custodi di un futuro in cui la scienza e la responsabilità si intrecciano in una danza senza fine. Sognate, esplorate, riflettete e agite, perché il futuro è nelle vostre mani, plasmato dalla conoscenza e dal cuore.

Il Punto di Arrivo e l'Inizio di un Nuovo Viaggio: Riflessioni sulla Genetica ed Epigenetica!

Cari compagni di viaggio, mentre gettiamo uno sguardo al passato per riflettere su tutto ciò che abbiamo scoperto e abbracciamo il futuro che ci attende, possiamo affermare con certezza che questo viaggio nella genetica ed epigenetica è stato davvero un'avventura straordinaria.

Abbiamo imparato che i geni sono come le pagine di un libro antico, scritto con cura nei secoli, che contiene le storie della nostra esistenza. Ogni parola, ogni virgola, contribuisce a dipingere il quadro unico di chi siamo. Siamo come un meraviglioso mosaico genetico, plasmato dalle esperienze dei nostri antenati e dalle scelte che facciamo ogni giorno. Ogni tratto fisico, ogni caratteristica, è una parte di questa intricata tessitura genetica che ci rende individuali e straordinari.

E poi c'è l'epigenetica, il regista nascosto di questa grande produzione. L'epigenetica è come un mago che, con un tocco invisibile, altera la scena del nostro palcoscenico genetico. Ci mostra che il nostro ambiente non è solo un semplice sfondo, ma una parte attiva della trama. Le molecole epigenetiche, come attori talentuosi, entrano in scena per interpretare il nostro genoma in modo unico, in risposta alle sfide e alle meraviglie del mondo che ci circonda.

Abbiamo esplorato l'incredibile eredità epigenetica, dove le esperienze dei nostri genitori e dei loro genitori si intrecciano con le nostre storie. È come se il nostro corpo portasse il ricordo delle esperienze vissute dalle generazioni passate, influenzando il nostro modo di interagire con il mondo. È un legame profondo che ci unisce alle radici della nostra famiglia e ci ricorda che siamo parte di un continuum, una catena di eventi che si snoda attraverso il tempo.

E cosa dire dell'interazione tra geni ed epigenetica? È come una danza magica, dove il nostro DNA e i marcatori epigenetici si muovono in armonia, creando un'esecuzione unica di vita. Abbiamo scoperto come i geni possano rispondere all'ambiente, come le molecole epigenetiche possano attivare o silenziare parti della nostra sinfonia genetica. È un'armonia che ci rende flessibili, adattabili e in costante evoluzione.

Questa conoscenza apre le porte a un futuro entusiasmante e ricco di possibilità. Immaginate un mondo in cui possiamo utilizzare le intuizioni dell'epigenetica per migliorare la nostra salute, prevenire malattie e creare un ambiente che favorisca il benessere di tutti. Con la scienza come nostra alleata, possiamo intraprendere questa nuova avventura con la consapevolezza che le scoperte future ci riserveranno nuovi orizzonti da esplorare.

Mentre concludiamo questo capitolo, ricordiamoci che questa non è la fine del nostro viaggio, ma l'inizio di un nuovo cammino. Ognuno di noi ha il potere di influenzare la propria storia genetica ed epigenetica, di modellare il proprio destino attraverso scelte informate e consapevoli. Che siate scienziati, artisti, genitori o insegnanti, questa conoscenza è il faro che illumina il percorso verso un futuro più sano, più armonioso e più consapevole.

Così, esploratori coraggiosi, chiudiamo questo capitolo con gratitudine per ciò che abbiamo imparato e con l'entusiasmo per ciò che ci aspetta. Continuate a coltivare la curiosità, ad abbracciare il cambiamento e ad essere protagonisti della vostra straordinaria storia genetica ed epigenetica. Che questa avventura continui ad arricchirvi, ispirarvi e guidarvi verso una vita di scoperta e realizzazione. Buon viaggio!

RICORDANDO LA GENETICA E L'EPIGENETICA: IL POTERE DI CAMBIARE E CREARE

Carissimi viaggiatori della conoscenza, è giunto il momento di fermarci e riflettere sul viaggio incredibile che abbiamo intrapreso attraverso i misteri e le meraviglie della genetica ed epigenetica. In questa avventura, abbiamo aperto il libro segreto delle nostre origini, scoprendo le istruzioni nascoste che rendono ognuno di noi unico. Abbiamo toccato le corde dell'anima, immergendoci nelle note di una sinfonia genetica che si sviluppa da milioni di anni. E ora, mentre chiudiamo questo capitolo, portiamo con noi la consapevolezza del potere di cambiare e creare attraverso il miracolo della vita.

I geni, quei segmenti di DNA che si annidano nelle nostre cellule, sono come le note di una partitura musicale. Ogni gene è una nota, e ogni individuo ha una melodia unica scritta nel suo DNA. Come le note si combinano per formare una canzone, i geni si combinano per creare noi, con le nostre caratteristiche, le nostre predisposizioni e il nostro potenziale. Ma questa partitura non è statica; è aperta a interpretazioni e influenze, ed è qui che entra in scena l'epigenetica.

L'epigenetica è il direttore d'orchestra che decide come

suoneranno le note della nostra partitura genetica. È il regista che decide quale voce avrà ogni gene, quale sezione della sinfonia verrà accentuata e quale verrà attenuata. Le esperienze di vita, le scelte quotidiane e persino l'eredità dei nostri antenati influenzano il lavoro di questo regista invisibile. È come se ogni cellula del nostro corpo fosse un attore che interpreta una parte, influenzata dalle istruzioni del regista epigenetico.

E così, abbiamo esplorato le storie affascinanti che legano geni ed epigenetica nelle nostre vite quotidiane. Abbiamo incontrato gemelli identici che hanno preso strade diverse grazie ai loro marcatori epigenetici unici. Abbiamo conosciuto Sofia e la sua mappa epigenetica colorata dalla sua passione per una dieta sana. Abbiamo camminato accanto ad Alice, custode di segreti epigenetici trasmessi attraverso le generazioni. Abbiamo ascoltato le melodie di Luca, scoprendo come la musica possa modulare i geni. E non dimentichiamo gli elefanti, che tramandano attraverso l'epigenetica le loro esperienze di sopravvivenza ai loro cuccioli, come i topini da laboratorio. Ogni storia è stata un tassello nel mosaico complesso che ci fa ciò che siamo.

Ma il nostro viaggio non si è limitato alle storie affascinanti; abbiamo anche esplorato le applicazioni futuristiche e le riflessioni profonde. Abbiamo intravisto il futuro della medicina personalizzata, dove i nostri geni guidano il percorso di trattamenti mirati. Abbiamo immaginato piante resistenti e nutrienti che potrebbero affrontare le sfide dei cambiamenti climatici. Abbiamo esaminato le implicazioni etiche della modifica dei geni nelle future generazioni e ci siamo confrontati con la sfida della privacy nella condivisione dei dati genetici.

Ma mentre abbracciamo il potere e il potenziale della genetica ed epigenetica, dobbiamo anche ricordare le parole sagge dei grandi pensatori che ci hanno preceduto. Come disse Mahatma Gandhi, "Siate il cambiamento che volete vedere nel mondo." Ogni scelta che facciamo, ogni passo che intraprendiamo, lascia un'impronta sulla nostra partitura genetica e su quella delle future generazioni. Mentre esploriamo le profondità del nostro essere, dobbiamo considerare il nostro ruolo come custodi responsabili di questa conoscenza.

In questo viaggio, abbiamo imparato che il potere di cambiare e creare è nelle nostre mani. Possiamo influenzare i nostri geni attraverso le nostre scelte di vita, modellando il nostro destino in modi che erano inimmaginabili solo qualche decennio fa. Immaginate il potenziale di scegliere consapevolmente uno stile di vita sano, sapendo che ogni scelta positiva ha un impatto duraturo sulla nostra partitura genetica. Possiamo essere architetti delle nostre stesse vite, costruendo un futuro di salute, saggezza e realizzazione.

E così, giovani sognatori, mentre chiudiamo il capitolo sulla genetica ed epigenetica, portiamo con noi la consapevolezza che siamo parte di un'opera straordinaria. Siamo le note di una canzone che risuona attraverso il tempo, intrecciando le storie delle generazioni passate con le speranze delle generazioni future. Siamo i custodi della nostra eredità genetica, i guardiani di un legame profondo con il passato e un'apertura verso l'incognito futuro.

Quando osservate il cielo stellato di notte, pensate a quanto profondo sia il nostro legame con l'universo. Così come le stelle ci raccontano storie antiche, i nostri geni portano con sé le storie dei nostri antenati. E proprio come le stelle possono generare nuove galassie, noi possiamo generare un futuro radioso attraverso le nostre scelte consapevoli, del presente.

E così, cari sognatori, mentre lasciamo questo viaggio di esplorazione e riflessione, vi invito a portare con voi la consapevolezza di questo potere. Siate i custodi dei vostri geni, le guide della vostra danza epigenetica. Siate artefici del cambiamento, creatori di un futuro che onora il passato e celebra il presente. Sognate in grande, abbracciate la conoscenza e lasciate che il potere di cambiare e creare vi guidi verso un destino luminoso e sorprendente. Il mondo è la vostra tela, e la genetica ed epigenetica sono i colori con cui dipingere il vostro capolavoro: la specie Umana.

IL POTERE NELLE TUE MANI: SCELTE E RESPONSABILITÀ

Cari esploratori del potere e della conoscenza, è giunto il momento di immergerci in una delle scoperte più sorprendenti e affascinanti del nostro viaggio: il potere che risiede nelle vostre mani. Sì, avete letto bene. Il potere di modellare il vostro futuro, la vostra salute e il vostro benessere è proprio lì, nelle scelte che fate ogni giorno. È un potere incredibile, uno strumento potentissimo che vi permette di essere i registi, gli architetti e gli autori della vostra propria storia genetica ed epigenetica.

Finora, abbiamo esplorato le profondità del mondo della genetica ed epigenetica. Abbiamo scoperto che il nostro DNA è una sorta di libro delle istruzioni, una mappa intricata che determina chi siamo e come funzioniamo. Ogni gene è un capitolo di questa storia, una parte di una trama che ci rende unici. Ma cosa c'è di più stupefacente? È la realizzazione che, anche se il nostro DNA è come una partitura musicale scritta in anticipo, possiamo ancora comporre la melodia che essa suona.

L'epigenetica è la chiave per comprendere come possiamo influenzare attivamente la nostra partitura genetica. Immaginatevi come i registi di uno spettacolo unico: ogni scelta che fate, dalle vostre abitudini alimentari alla vostra attività fisica, al modo in cui affrontate lo stress, agisce come una direzione data agli attori genetici. Ogni decisione che prendete può alterare la rappresentazione che i vostri geni danno di voi.

Ma cosa significa tutto ciò nella pratica? Immaginate che scegliate di seguire una dieta equilibrata e ricca di nutrienti. Questa scelta non solo influenzerà la vostra salute generale, ma avrà un effetto duraturo sulla vostra epigenetica. I marcatori epigenetici risponderanno alla vostra scelta positiva, promuovendo la salute delle vostre cellule e modulando l'espressione dei vostri geni in modo favorevole. La vostra scelta si traduce in un messaggio chiaro ai vostri geni: "Voglio il mio corpo in salute e in forma."

E che dire delle vostre passioni e dei vostri interessi? Anche qui, il potere è nelle vostre mani. Immaginate di amare la musica e di trascorrere ore a suonare strumenti o a cantare. Questo non solo solleticherà l'anima, ma avrà un impatto tangibile sui vostri geni. La musica è in grado di modulare l'espressione genetica, influenzando la produzione di proteine e il funzionamento delle cellule. Siete i compositori delle vostre melodie genetiche, creando armonie che risuoneranno attraverso il vostro corpo e la vostra mente.

E che dire delle sfide quotidiane? Lo stress può sembrare un nemico da combattere, ma in realtà potete usarlo come un alleato. Immaginate di affrontare lo stress con tecniche di gestione e pratiche di rilassamento. Questa scelta non solo vi aiuterà a sentire meno la pressione, ma influenzerà anche i marcatori epigenetici. Potreste modulare la risposta del vostro corpo allo stress, favorendo la calma e la resilienza.

Ma qui sta la parte più bella: ogni scelta conta. Ogni passo che fate, piccolo o grande che sia, lascia un'impronta nel vostro codice genetico ed epigenetico. È come se foste i protagonisti di un romanzo interattivo, dove ogni decisione che prendete influenza la trama e il finale. E mentre ciò può sembrare avvincente, è anche una grande responsabilità.

Ecco perché l'educazione è fondamentale. Comprendere il potere delle vostre scelte vi permette di essere guidati da una bussola interna, una guida che vi orienta verso decisioni che favoriscono il benessere a lungo termine. Quindi, cercate la conoscenza. Informatevi su come le diverse scelte influenzano i vostri geni ed epigenetica. Sperimentate e osservate come il vostro corpo e la vostra mente rispondono. Si tratta di una danza intricata tra voi e il vostro codice genetico, una sinfonia di cambiamenti che si verificano ad ogni passo.

E ora, quando guardate al futuro, immaginate il potenziale di questo potere. Immaginate un mondo in cui le persone sono consapevoli del loro ruolo attivo nella modellazione della propria salute e del proprio benessere. Un mondo in cui le scelte informate e consapevoli diventano la norma, in cui ogni individuo è il regista della propria vita genetica ed epigenetica. Questo non è solo un sogno; è una possibilità tangibile che si staglia all'orizzonte.

In conclusione, esploratori del potere, vi invito a ricordare che ogni giorno è una nuova opportunità. Ogni scelta che fate, ogni passo che intraprendete, ha il potere di modellare il vostro futuro e il vostro benessere. Siete i narratori della vostra storia genetica ed epigenetica, e la penna è nelle vostre mani. Abbracciate questo potere con gratitudine e rispetto. Siate consapevoli dei cambiamenti che potete apportare, non solo a voi stessi, ma anche alle generazioni future. Siete i guardiani del regno genetico ed epigenetico, e la vostra storia sta aspettando di essere scritta con coraggio, cura e consapevolezza.

LE IMPLICAZIONI: OLTRE IL QUI E ORA

Carissimi viaggiatori della conoscenza e dell'etica, siamo giunti a un crocevia del nostro avvincente viaggio attraverso la genetica ed epigenetica. È il momento di riflettere su ciò che abbiamo scoperto e di esplorare le profonde implicazioni che queste rivelazioni hanno per noi, come individui e come società. Abbiamo aperto porte verso nuovi orizzonti, ma queste nuove frontiere ci pongono anche sfide importanti che richiedono saggezza, consapevolezza e una riflessione profonda.

Abbiamo discusso delle meraviglie della medicina di precisione, in cui il nostro DNA e i marcatori epigenetici diventano le fondamenta per trattamenti su misura. Come disse il grande filosofo Socrate: "Conosci te stesso", e mai queste parole hanno avuto un significato più profondo. La medicina di precisione ci offre l'opportunità di conoscere noi stessi fino alle radici dei nostri geni, di comprendere la nostra predisposizione alle malattie e di agire in modo pro attivo per preservare la nostra salute. Ma ricordiamoci anche di quelle parole di Albert Einstein: "La conoscenza senza moralità è dannosa". Mentre cerchiamo di trarre vantaggio dalla nostra conoscenza genetica, dobbiamo farlo con un profondo rispetto per l'etica e il benessere umano.

L'agricoltura avanzata ci ha mostrato come le piante possono essere modificate attraverso l'epigenetica per resistere alle sfide climatiche e alimentare un pianeta affamato di risorse. Tuttavia, come ci ha insegnato il pacifista Mahatma Gandhi, "la terra fornisce abbastanza per soddisfare il bisogno di ogni uomo, ma non l'avidità di ogni uomo". Dobbiamo bilanciare la nostra sete di progresso con il rispetto per la natura e la sostenibilità, preservando l'equilibrio delicato dell'ecosistema che ci sostiene.

Le nuove opzioni di riproduzione assistita ci aprono la possibilità di modellare i geni dei nostri futuri figli. Questo ci fa riflettere sulla frase di Voltaire: "La responsabilità accompagna sempre l'opportunità". Mentre possiamo immaginare di scegliere caratteristiche desiderate per i nostri bambini, dobbiamo anche considerare le implicazioni etiche di quanto possiamo e dovremmo interferire con la natura. Il futuro ci spinge a esplorare le possibilità con saggezza e compassione, riflettendo su come possiamo guidare la scienza senza tradire i valori umani.

La possibilità di influenzare i geni e i marcatori epigenetici delle future generazioni ci apre una porta verso un nuovo capitolo dell'evoluzione umana. Tuttavia, come affermava Martin Luther King Jr., "il vero progresso è più di una questione di tecnica. È una questione di spirito, di moralità e di carattere". Dobbiamo considerare le implicazioni sociali, culturali ed etiche di tali cambiamenti, esaminando come la diversità umana possa essere arricchita e preservata in questo nuovo panorama genetico. Il futuro dell'umanità sarà definito non solo dalla scienza, ma anche dall'integrità con cui gestiamo questo potere straordinario.

E poi c'è la questione della privacy. Con le informazioni genetiche che diventano sempre più accessibili, sorgono timori legati alla privacy. "La privacy è il diritto di scegliere ciò che altri non sanno" - così disse Louis Brandeis. Dobbiamo considerare chi ha accesso ai nostri dati genetici e come questi dati vengono utilizzati. Con le nuove frontiere della genetica ed epigenetica, dobbiamo stabilire leggi, regolamenti e norme che proteggano i diritti individuali e promuovano la trasparenza.

Quindi, cosa possiamo imparare da tutto questo? Forse le parole di Jane Goodall ci guidano meglio: "La nostra missione è far sì che questa Terra sia un posto migliore per tutte le creature che la abitano". Le scoperte della genetica ed epigenetica ci danno il potere di influenzare, cambiare e creare. Ma dobbiamo farlo con un profondo rispetto per la diversità umana, la natura e l'etica. Dobbiamo ricordare che il nostro potere è accompagnato da responsabilità, da una comprensione profonda delle conseguenze delle nostre azioni.

In conclusione, giovani riflessivi, vi invito a continuare a esplorare, ad imparare e a crescere. La conoscenza che avete acquisito sulla genetica ed epigenetica è un dono prezioso che potete usare per plasmare un futuro migliore. Siate guidati da principi etici, rispetto per la diversità e consapevolezza dell'impatto delle vostre scelte. Non temete il potere che avete in mano, ma abbracciatelo con umiltà e determinazione. Poiché nelle vostre mani risiede la capacità di cambiare e creare, di influenzare il destino umano e il corso della vita sulla Terra. Siate custodi saggi di questa conoscenza, sempre pronti a esplorare le frontiere del possibile con un cuore aperto e una mente curiosa. Buon viaggio nella continua avventura della genetica ed epigenetica!

GUARDANDO AL FUTURO: LE DOMANDE SENZA RISPOSTA

Siamo giunti al termine di un incredibile viaggio attraverso il mondo affascinante e in continua evoluzione della genetica ed epigenetica. Mentre riflettiamo su ciò che abbiamo appreso e sperimentato, è fondamentale riconoscere che questo viaggio è solo l'inizio di un'avventura più grande. La genetica ed epigenetica sono campi in rapida evoluzione, dove ogni risposta porta con sé nuove domande e ogni scoperta apre la porta a ulteriori meraviglie.

L'evoluzione delle nostre conoscenze è un percorso infinito, guidato dalla curiosità umana e dalla sete di comprensione. Come disse una volta Carl Sagan, "l'immaginazione ci porterà ovunque". La nostra immaginazione e la nostra voglia di scoprire sono i motori che ci spingeranno avanti in questo viaggio. Mentre i nostri strumenti tecnologici e le capacità di ricerca si espandono, possiamo solo immaginare le sorprese che il futuro ha in serbo per noi. Potremmo svelare nuovi strati di complessità ed interazione tra i nostri geni e il mondo che ci circonda, o epigeni, rivelando ulteriori modi in cui le nostre esperienze e le nostre scelte influenzano chi siamo.

Ma con questo potere crescente, sorgono anche nuove responsabilità. "Conoscere il tuo potere e usare saggiamente il tuo potere sono due cose diverse", ci ricorda il filosofo Zen Shinryu Suzuki. Come useremo queste scoperte per creare un futuro migliore? Questa è una domanda che richiede riflessione profonda e considerazione etica. Possiamo affrontare sfide globali come il cambiamento climatico e le malattie attraverso l'applicazione intelligente delle conoscenze genetiche ed epigenetiche. Potremmo sviluppare trattamenti su misura per una salute ottimale, nutrire il pianeta con piante resistenti e rispettose dell'ambiente, e affrontare le complesse questioni legate alla riproduzione assistita e alla modifica genetica con responsabilità e compassione.

In questo viaggio verso il futuro, le parole di Eleanor Roosevelt ci guidano: "Il futuro appartiene a coloro che credono nella bellezza dei propri sogni". Continuare a sognare è ciò che ci spinge ad andare avanti, a esplorare l'ignoto e a creare un mondo che rispecchi i nostri ideali. Ogni scoperta, ogni passo avanti, è un'opportunità per trasformare i nostri sogni in realtà.

Le parole di Isaac Newton risuonano anche in questo contesto: "Se ho visto più lontano degli altri, è perché mi sono alzato sulle spalle dei giganti". Siamo eredi di una lunga tradizione di conoscenze e scoperte, e ogni passo che facciamo è possibile grazie a coloro che ci hanno preceduto. Ma ora, siamo anche noi i giganti su cui le future generazioni si alzeranno. Il nostro compito è quello di trasmettere la conoscenza, di coltivare la curiosità e di creare un mondo in cui il potere della genetica ed epigenetica sia guidato dalla saggezza e dall'umanità.

Così, mentre concludiamo questo viaggio, portiamo con noi il senso di meraviglia e la consapevolezza che le risposte che abbiamo trovato sono solo la punta dell'iceberg. C'è ancora così tanto da scoprire, da esplorare e da creare. Siamo chiamati a continuare ad apprendere, a porci domande ardite e a sfidare i confini del nostro sapere. Siamo investiti di un potere straordinario, ma dobbiamo usare questo potere con responsabilità e rispetto.

Quindi, cari viaggiatori del sapere, continuate a esplorare, a imparare e a sognare. Ogni scoperta che fate, ogni passo che fate, contribuisce alla crescita della nostra comprensione. Mantenete sempre aperti i vostri cuori e le vostre menti, pronti ad accogliere nuove sfide e nuove meraviglie. La genetica ed epigenetica sono come un fiume in costante movimento, e siamo qui per navigarlo, per scoprire ciò che ci aspetta all'orizzonte.

In questa chiusura, riflettiamo sulle parole del poeta Robert Frost: "Ho scelto la strada meno battuta, e ha fatto tutta la differenza". Che la vostra strada sia quella meno battuta, piena di scoperte sorprendenti e scelte che fanno la differenza. Siate ispirati dalla bellezza della conoscenza e dalla prospettiva di un futuro in cui le vostre azioni possono creare cambiamenti positivi. La genetica ed epigenetica sono strumenti che possiamo utilizzare per forgiare un mondo migliore, ma il vero potere risiede in ciascuno di voi, nei vostri sogni e nelle vostre azioni.

L'INIZIO DI NUOVE AVVENTURE: LA TUA STORIA

E così, giungiamo alla fine di questo straordinario percorso attraverso il mondo affascinante della genetica ed epigenetica. Ma lasciatemi dirvi una cosa: questa non è la fine, bensì l'inizio di nuove avventure incredibili che vi aspettano. Siete i protagonisti delle vostre vite, e la vostra storia è ancora in corso, pronta ad essere scritta con coraggio, passione e conoscenza.

Viaggiatori del sapere, avete già dimostrato una curiosità e un impegno senza pari nell'esplorare le profondità dei geni ed epigeni. Avete affrontato concetti complessi, abbracciato scoperte straordinarie e riflettuto su implicazioni profonde. Ora, guardatevi allo specchio e vedete i guardiani di un tesoro di conoscenza, pronti a custodire e utilizzare ciò che avete appreso.

Vi troverete in situazioni in cui la vostra comprensione della genetica ed epigenetica può fare la differenza. Immaginate di poter spiegare a qualcuno come le scelte alimentari possono influenzare i geni, o di illuminare un amico sul potere della medicina personalizzata. Ogni conversazione, ogni condivisione di conoscenza, è un atto di leadership che può ispirare gli altri a esplorare e a capire meglio il mondo che li circonda.

Come diceva Nelson Mandela, "l'educazione è l'arma più potente che puoi usare per cambiare il mondo". Avete in mano un'arma potentissima: la conoscenza. Siete i custodi di un sapere che può creare un futuro migliore, sia per voi stessi che per la società nel suo insieme. Usate questa arma con saggezza, diffondendo la luce della comprensione in ogni angolo del mondo.

Ma ricordate, ogni storia ha i suoi ostacoli e sfide da superare. Mentre vi muovete avanti, potreste incontrare domande senza risposta, incertezze e momenti di difficoltà. Ma vi invito a pensare alle parole di Walt Disney: "Se puoi sognarlo, puoi farlo". Non abbiate paura di sognare in grande e di affrontare sfide con determinazione.

Ogni passo che fate vi avvicina alla realizzazione dei vostri sogni.

E sappiate che non siete soli in questo viaggio. Siete parte di una comunità di appassionati esploratori, desiderosi di apprendere e condividere. Continuate a cercare ispirazione negli altri e a ispirare a vostra volta. Non sottovalutate il potere di una connessione umana, di un'idea condivisa, di un sorriso che illumina il cammino.

Nel viaggio della vita, come nel viaggio attraverso la genetica ed epigenetica, la chiave è l'apertura mentale. Come disse John F. Kennedy, "conoscere una lingua diversa, apre una finestra su un altro mondo". Voi avete imparato la lingua della genetica ed epigenetica, aprendo finestre su mondi di comprensione e possibilità. Continuate ad aprire finestre, a sfidare le vostre prospettive e ad esplorare territori nuovi.

E così, cari amici, vi invito a scrivere la vostra storia con audacia e passione. Non c'è limite a ciò che potete realizzare quando unite il vostro potere con il sapere. Non c'è sfida troppo grande da affrontare, né sogno troppo ardito da inseguire. La vostra avventura è appena cominciata, e il mondo attende con ansia di vedere ciò che farete.

Non perdete mai la vostra direzione, ma permettetevi di vagare in nuovi territori, esplorare idee diverse e crescere come individui. La strada potrebbe essere tortuosa, ma ogni curva è una possibilità di scoperta.

Siate i guardiani della conoscenza, i sognatori dei sogni e i creatori del futuro. Il mondo vi attende con braccia aperte, pronto a celebrare le vostre conquiste. Buon viaggio, cari viaggiatori, in questa nuova fase dell'avventura che è la vostra vita.

LA MAGIA DELLA GENETICA ED EPIGENETICA: IL CUORE DELLA VITA

È giunto il momento di gettare uno sguardo indietro, alla strada percorsa insieme, e di contemplare la bellezza intricata e sorprendente della genetica ed epigenetica. Questi due mondi affascinanti sono come un'opera d'arte che si svela lentamente, una sinfonia composta da note che si intrecciano in modo magico, un mosaico di istruzioni e storie che plasmano ciò che siamo.

Immaginate di essere seduti in una sala da concerto, in attesa del suono dell'orchestra. Ecco le prime note, delicate e leggere, che rappresentano il DNA, la base della nostra esistenza. Ma presto, altre note si uniscono, più intricate e variate, che rappresentano l'epigenetica, il direttore d'orchestra che dà vita alle istruzioni del DNA. Man mano che l'orchestra suona, il quadro si sviluppa, rivelando una storia complessa e affascinante.

La genetica ed epigenetica sono le stesse note che compongono la sinfonia della vita. Sono le istruzioni che ci rendono unici, che determinano il colore dei nostri occhi, la forma del nostro naso, la nostra altezza. Sono come le pennellate di un pittore su una tela bianca, che trasformano un'idea astratta in una meravigliosa creazione.

Ma non è solo il presente che queste note raccontano. Sono anche le storie nascoste che ci connettono al passato e al futuro. Sono i ricordi delle generazioni passate, trasferiti attraverso i marcatori epigenetici, che ci influenzano anche oggi. Sono le possibilità del futuro, le potenzialità che possiamo realizzare con ogni scelta che facciamo.

Nella danza segreta tra geni ed epigenetica, ogni scelta, ogni esperienza, ogni emozione si traduce in un cambiamento nei nostri marcatori epigenetici. È come dipingere con le sfumature della vita stessa. Immaginate una tela su cui ogni momento, ogni interazione, ogni sorriso lascia un'impronta indelebile. Siamo artisti inconsapevoli, creando un'opera d'arte unica con ogni passo che facciamo.

Ma questa è solo una parte della storia. Abbiamo anche esplorato le applicazioni straordinarie della genetica ed epigenetica. Abbiamo visto come la medicina di precisione potrebbe plasmare il futuro della cura della salute, creando trattamenti su misura per ciascuno di noi. Abbiamo immaginato piante resistenti e cibi più nutrienti che potrebbero nutrire il nostro pianeta. Abbiamo affrontato le sfide etiche della manipolazione genetica e riflettuto sulla responsabilità di plasmare il destino delle prossime generazioni.

Ogni scoperta che abbiamo fatto, ogni riflessione che abbiamo condiviso, è una tessera preziosa nel mosaico della conoscenza. Ma come ogni grande avventura, questo viaggio non è mai davvero finito. È solo un capitolo, una tappa nel cammino verso una comprensione più profonda e una realtà ancora più straordinaria.

Viaggiate avanti con cuori aperti e menti affamate di sapere. Portate con voi la consapevolezza che ogni scelta che fate, ogni passo che intraprendete, può plasmare il futuro. Ognuno di voi è un agente di cambiamento, capace di influenzare il mondo con le proprie azioni e le proprie decisioni.

In ogni passo avanti, ricordate le parole di Albert Einstein: "L'importante è non smettere mai di fare domande". Continuate a esplorare, a chiedere, a cercare risposte. La strada potrebbe non essere sempre lineare, ma ogni curva e ogni salita vi porteranno a nuove prospettive e nuove rivelazioni.

Così, cari esploratori, chiudiamo questo viaggio con cuori pieni di meraviglia e mente aperta alle infinite possibilità che la scienza ci offre. Che il vostro amore per l'apprendimento e la scoperta continui a crescere, e che possiate portare questa conoscenza nel vostro mondo, plasmando il futuro con gentilezza, responsabilità e curiosità senza fine.

Ci troviamo ora all'incrocio tra la conoscenza e l'ignoto, tra ciò che abbiamo scoperto e ciò che ancora dobbiamo esplorare. La genetica ed epigenetica sono solo i primi capitoli di una lunga e affascinante avventura che è la vostra vita. Ogni giorno è un nuovo inizio, un'opportunità per aggiungere una nuova pagina al vostro libro personale.

Immaginate il vostro futuro come un libro bianco, pronto ad accogliere i vostri pensieri, le vostre azioni e le vostre esperienze. Ognuno di voi è un autore in questo racconto, con il potere di scegliere le parole che definiranno la trama della vostra esistenza. E così, come vi immergete in questa nuova fase, ricordate che siete i creatori delle vostre vite, i protagonisti delle vostre avventure.

La genetica ed epigenetica ci insegnano che non siamo solo spettatori passivi delle nostre vite, ma agenti attivi che possono plasmare il proprio destino. Come una tela vuota, la vostra vita è pronta a essere colorata con le sfumature dei vostri successi, delle vostre sfide, delle vostre passioni e dei vostri sogni. Che siate scienziati, artisti, genitori, insegnanti o esploratori, ognuno di voi ha un ruolo unico da svolgere in questa grande sinfonia dell'esistenza.

Prendete la penna dell'azione e scrivete la vostra storia con fiducia e determinazione. Non abbiate paura di esplorare nuovi territori, di abbracciare le sfide e di abbracciare le opportunità. Ricordate che ogni esperienza, positiva o negativa, è una pagina preziosa che contribuisce al vostro sviluppo personale. Anche quando le tempeste si abbatteranno, non dimenticate che voi siete i capitani della vostra nave e potete navigare attraverso ogni mare agitato.

Ogni scelta che fate, grande o piccola, modella il vostro percorso e influenza il vostro futuro. Come una trama intricata, le vostre decisioni si intrecciano e si ramificano, creando un racconto unico e personale. Ricordate che la vostra storia non è mai definitivamente scritta, ma si sviluppa continuamente con ogni passo che intraprendete.

Ogni conoscenza acquisita, ogni competenza acquisita, è un tassello che arricchisce il vostro racconto. Lasciate che la vostra curiosità vi guidi, che la vostra passione vi spinga e che la vostra resilienza vi mantenga in movimento anche quando la strada sembra accidentata.

E mentre andate avanti nella vostra avventura, ricordate di condividere le vostre storie con gli altri. Le vostre esperienze, i vostri trionfi e le vostre sfide possono ispirare e influenzare chi vi circonda. In questa comunità di esseri umani, ciascuno di noi ha il potere di diffondere positività, empatia e comprensione attraverso le parole e le azioni.

Quindi, cari lettori, mentre chiudiamo questo capitolo, siate pronti a scrivere il futuro con energia e passione. Siete i narratori delle vostre storie, i creatori dei vostri destini. Che ogni pagina che aggiungete al vostro libro personale sia piena di amore, scoperta e realizzazione. Che ogni paragrafo vi spinga oltre i confini della vostra comfort zone e vi porti verso nuove vette.

L'arco della vostra vita è ancora in divenire, con tante pagine da riempire e tante avventure da vivere. Che sia un'odissea di crescita, una sinfonia di scoperte o una saga di cambiamenti, siate pronti ad abbracciare ogni sfida e a celebrare ogni successo. La vostra storia è unica, preziosa e in continua evoluzione. Aprite il vostro cuore alla meraviglia e al potenziale che l'avventura della vita ha da offrire. Così, con entusiasmo e gratitudine, concludiamo questo capitolo e diamo il benvenuto al prossimo ed incognito futuro. Che il vostro viaggio sia straordinario e che le parole che scrivete siano ricche di significato, bellezza e speranza. La penna è nelle vostre mani, e il futuro attende con braccia aperte.

FINE

INFORMAZIONI
SULL'AUTORE

Raffaele Vertaglia

Quando son nato, sul finire degli anni 50, la
vita era dura perché appena da meno di un
decennio era finita una catastrofe
mondiale. Corso di studi, dalle elementari
fino al conseguimento del " DIPLOMA", che
avrebbe dovuto spalancargli un Futuro

più roseo. In quegli anni, a Napoli, senza Santi non si andava in
Paradiso ed io, nonostante la mia bigotteria, Santi non ne avevo!
Quindi, non insegno, come ovvio che sia. Seminarista nel
Seminario Minore
di Casoria, per appena un semestre, uscito dal quale mi iscrissi
all'Istituto Magistrale di Stato, Pasquale Villari, e nel
1977 conseguii il Diploma di Maturità Magistrale con 45/60; Nel
1979 convola a giuste e riparatrici nozze, con Anna
Cristina Pasqua. Il cosiddetto "figlio della colpa" non vide mai la
luce, poiché morì al sesto mese di gravidanza.
Fu un durissimo colpo per la giovane coppia, successivamente,
1981 nacque la primogenita,
Valentina e sei anni dopo la Roberta completò l'armonia di quella
bellissima famiglia, a cui mancava solo la certezza di
un lavoro sicuro. Nel frattempo mi iscrissi all' Istituto Superiore di
Scienze Filosofiche, che dovetti abbandonare per
ovvi motivi economici. Sono napoletano, non solo di fede
calcistica, ma anche e soprattutto di nascita, estrazione culturale

dove fino al 2002 sono lì vissuto. Quartiere San Lorenzo, nei pressi di Piazza Carlo Terzo. Nei luoghi della mia infanzia,
qualcuno l'ha definita bigotta, ma ciò nonostante è la mia infanzia, la mia vita giovanile, la mia vita adulta.
Poi, siccome mi sento responsabile del futuro della mia famiglia, mi sono trasferito al Nord-Est. In Veneto.
Qui, in un tessuto sociale, privo di mandolini e pizze, ho trovato opportuno adattarmi a qualsiasi tipo di lavoro,
senza mai dimenticare le mie aspirazioni e nel contempo, le mie origini, le mie radici. La volontà di perseguire un fine
mi ha dato coraggio e forza di attuare i miei intenti: dare una vita serena e dignitosa alla mia famiglia.
Attualmente faccio la Guardia particolare Giurata presso un istituto di vigilanza di Venezia, la CDS.
Bibliografia A 18 anni circa, ho presentato una mia poesia in dialetto napoletano ad una festa di piazza, travestito da
Pulcinella. Mi diede poi una certa notorietà la mia partecipazione ad un programma radiofonico, presso una delle prime
radio libere: Radio Azzurra. Del Maestro Annona. Successivamente proposi un mio testo in occasione di un Premio Letterario
Internazionale, era la seconda edizione quella che si svolse nell'anno 1986, intitolato a Luigi Pirandello, organizzato
dall'Agenzia Giornalistica Passaporto di Roma. In quella ed unica occasione, mi aggiudicai il premio della Critica e del
Presidente del Consiglio, la menzione speciale premiata con medaglia d'oro dell'Anno Santo con diploma,
consegnatomi dalle mani del Sindaco, tramite un messo comunale. Nel 2009, l'incontro con la Casa Editrice Aletti,
che pubblica il mio primo romanzo, "Angeli dal sesso opposto". Romanzo fantastico ambientato nel Veneto e descritto,
a detta di amici veneziani, in maniera davvero encomiabile.
Non sono certo alla ricerca di fama e notorietà, quindi mi rinchiusi in un volontario silenzio. Avevo ed ho ben altre cose
a cui dare precedenza, la mia famiglia. Le mie aspirazioni? Vivere e scrivere.

www.ingramcontent.com/pod-product-compliance
Lightning Source LLC
Chambersburg PA
CBHW062325290526
45794CB00005B/1899